百变昆虫

BAIBIAN
KUNCHONG

青少科普编委会 编著

吉林出版集团
Jilin Publishing Group

吉林科学技术出版社
JiLin Science&Technology Publishing House

图书在版编目（ＣＩＰ）数据

百变昆虫/青少科普编委会编著. —长春：吉林
科学技术出版社，2012.1（2019.1重印）
  ISBN 978-7-5384-5564-9

  Ⅰ.①百… Ⅱ.①青… Ⅲ.①昆虫－青年读物②昆虫
－少年读物 Ⅳ.①Q96-49

中国版本图书馆CIP数据核字（2011）第277206号

科普进校园

百变昆虫

编　　著　青少科普编委会
出 版 人　李　梁
特约编辑　怀　雷　刘淑艳　仲秋红
责任编辑　赵　鹏　潘竞翔
封面插画　长春茗尊平面设计有限公司
封面设计　长春茗尊平面设计有限公司
制　　版　长春茗尊平面设计有限公司
开　　本　710×1000　1/16
字　　数　150千字
印　　张　10
版　　次　2012年3月第1版
印　　次　2019年1月第13次印刷

出　　版　吉林出版集团
　　　　　吉林科学技术出版社
发　　行　吉林科学技术出版社
地　　址　长春市人民大街4646号
邮　　编　130021
发行部电话/传真　0431-85635177　85651759　85651628
　　　　　　　　　　85677817　85600611　85670016
储运部电话　0431-84612872
编辑部电话　0431-85630195
网　　址　http://www.jlstp.com
印　　刷　北京一鑫印务有限责任公司

书　　号　ISBN 978-7-5384-5564-9
定　　价　22.00元
如有印装质量问题　可寄出版社调换

前言
QIANYAN

　　昆虫不比大象高大，没有老虎威猛，也不如人类聪明，但在它们的世界中，却有着别样的多彩生活。包容万物的大自然，慷慨地为昆虫提供了各种环境。昆虫的新生命从卵开始。在奇妙的成长旅途中，它们要经历痛苦的蜕皮过程。昆虫王国是一个充满乐趣的世界，也有着奇闻怪事。还等什么呢，赶快跟着我们，

　　一起打开昆虫世界的大门吧！

目录 MULU

昆虫的世界

昆虫的世界丰富多彩，而且趣事多多：在这里，蝴蝶翩翩起舞，小蜜蜂忙忙碌碌，知了在树上高歌，蛐蛐儿却在草丛中打架争斗……这些昆虫家族中的大明星，拥有特殊才能，同时也吸引了人们的眼睛。而那些不知名的小昆虫，它们也各自利用大自然赋予的本领，与其他动物一起在地球这个我们共同的家园里生存，讲述自己的一段段故事。

shén me shì kūn chóng
什么是昆虫

昆虫是自然界中常见的小动物，在昆虫王国里，大多数成员都很"渺小"。即便是我们身边常见的哺乳动物猫、狗等站在它们面前，都可算得上是庞然大物。它们种类繁多，但要真正认识它们，并不容易。

shēn tǐ zǔ chéng
身体组成

你能很容易地就把昆虫和其他小动物区分开吗？了解了它们的主要特征，问题就解决了。昆虫最大的特征就是身体由明显的头、胸、腹等几个部分组成，而且各部分的功能也不同。

duō gōng néng de chù jiǎo
多功能的触角

很多昆虫脑袋上都顶着一对好像天线的触角，处在眼睛上方。触角是昆虫重要的感觉器官，具有求爱、觅食、辨别方向的作用。触角摆动可接收"信号"，一旦受伤，就会影响昆虫的生活。

主要特征

昆虫的头部是感觉和取食中心，长有口、眼及触角；胸部是长着翅膀和脚的运动中心；腹部长着生殖器官和内脏，是繁衍后代和消化食物的中心。大多数昆虫的身体都要经过变态发育才能定型。

小知识

蚂蚁的触角一旦折断，它就会迷失方向，在原地不停地转圈。

▲ 蚂蚁的触角功能多

灵活的腿

昆虫都有6条腿，分成3对长在身体两侧。通常，昆虫走路时会以三条腿为一组，即身体一侧的前后腿与另一侧的中腿为一组，另外三条为另一组轮换前进，而且走得很稳当。

小个头大力气

你相信吗？昆虫的身体没有骨骼，但它们特殊的外壳却起着骨骼的作用，并有着惊人的力量。

▶ 蝗虫可以跳出比自己身体长200倍左右的距离

kūn chóng de yóu lái
昆虫的由来

昆虫是动物王国里一个非常庞大的家族，它们的身影遍布地球，从陆地到水中，从森林到荒漠，无处不在。这个庞大的家族是什么时候产生的呢？又是怎样发展壮大的？来吧，我们一起找答案。

共同的祖先

昆虫和海里的虾、蟹，陆地上的蜈蚣、蜘蛛、蝎子等有着这共同的祖先，它们都属于节肢动物中的多腿类，身体都分成好几个环节，都长着数只脚。

小知识

约1亿年前，有花植物出现，昆虫从此有了花粉和花蜜作为食物。

与蜘蛛、蜈蚣分家

约10亿年前，昆虫、蟹和蜘蛛等的祖先都生活在浅海地区。后来，它们有的进了海洋深处，成为虾、蟹等；另一支则登上陆地，成为蜈蚣、蜘蛛，再后来，昆虫从后一支里又分化出来。

▲ 可怕的蜘蛛

▲ kē xué jiā rèn wéi huán xíng dòng wù hé kūn chóng yǒu zhe gòng
科学家认为环形动物和昆虫有着共
tóng zǔ xiān qián zhě wài xíng gèng xiàng tā men de gòng tóng zǔ xiān
同祖先，前者外形更像它们的共同祖先

biàn huà cóng wèi jiàn duàn
变化从未间断

bù tóng shí qī huán jìng qì hòu de biàn
不同时期环境气候的变
huà shí wù de zēng jiǎn shǐ dé kūn chóng
化，食物的增减，使得昆虫
zú qún bù duàn yǎn huà bìng fēn chéng gèng duō xiǎo
族群不断演化并分成更多小
de lèi bié lì rú hěn jiǔ yǐ qián xī shuài
的类别。例如很久以前蟋蟀
bù huì jiào hòu lái xué huì le jiǎn dān míng jiào
不会叫，后来学会了简单鸣叫。

shēn tǐ de gǎi biàn
身体的改变

cóng shuǐ lǐ dēng shàng lù dì kūn chóng zǔ xiān shēn tǐ yě fā shēng le hěn dà biàn huà yuán xiān
从水里登上陆地，昆虫祖先身体也发生了很大变化。原先
shēn tǐ qián miàn de jǐ bù fen yù hé chéng wéi tóu bù fù zhī yǎn biàn chéng le chù jiǎo hé kǒu qì
身体前面的几部分愈合成为头部，附肢演变成了触角和口器，
tuǐ chì bǎng yǐ jí wěi xū hé chǎn luǎn qì guān xiān hòu xíng chéng dì yī zhī kūn chóng chū xiàn le
腿、翅膀以及尾须和产卵器官先后形成，第一只昆虫出现了。

suí huán jìng gǎi biàn
随环境改变

hěn zǎo yǐ qián zhěng gè dì qiú qì hòu wēn nuǎn cháo
很早以前，整个地球气候温暖潮
shī sēn lín mào mì kūn chóng shí wù lái yuán hěn duō yú
湿，森林茂密，昆虫食物来源很多，于
shì chū xiàn le hěn duō dà xíng kūn chóng kūn chóng de chì bǎng yě
是出现了很多大型昆虫，昆虫的翅膀也
zài nà shí xíng chéng dāng qì hòu tū rán hán lěng hòu dà xíng kūn
在那时形成。当气候突然寒冷后，大型昆
chóng hěn nán shì yìng zài jiā shàng niǎo lèi chū xiàn
虫很难适应，再加上鸟类出现，
kūn chóng yú shì gǎi biàn xíng tài
昆虫于是改变形态，
yǎn huà chéng jīn tiān de mú yàng
演化成今天的模样。

gǔ lǎo de kūn chóng
古老的昆虫

恐龙是我们熟知的一种古老的动物，但最早出现的昆虫比恐龙还要早，你一定感到很惊讶吧？或许可以说，昆虫可是地球上第一批陆生动物呢。现在，那些古老的昆虫早已没了踪影，但它们的后代却依然兴旺。

jiǔ yuǎn de kūnchónghuà shí
久远的昆虫化石

科学家们曾经在伦敦一家博物馆里偶然发现一只昆虫的化石。这只昆虫留在化石中的遗骸只有米粒大小，但长有有翅昆虫才有的大鳄，可能是世界上最早的有翅昆虫。

chì bǎng de chū xiàn
翅膀的出现

大约3亿年前，地球气候温暖湿润、植物繁盛、森林茂密。这一时期，动物的繁衍速度很快。环境的变化也促使昆虫产生新的变化，许多大型昆虫出现，并长有翅膀。

琥珀中的昆虫

琥珀是由远古时代松树流下的松树脂形成的化石。因为在琥珀中经常能见到保存较为完整的昆虫遗体，因此琥珀成为科学家们研究昆虫的重要材料。

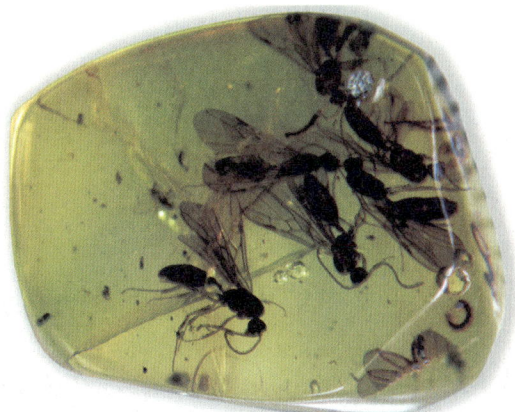

▲ 大亚马逊丛林蟋蟀

古老的蟋蟀

蟋蟀是一种非常古老的昆虫，在我国北方俗称蛐蛐，蟋蟀距今已有大约1.5亿年的历史，它们能发出响亮的鸣声，善于打斗。

巨型蜻蜓

我们现在看到的蜻蜓身形都很娇小，飞行姿态轻盈，但数亿年前的蜻蜓却是大得出奇。人们从已有的化石上发现，远古时期的蜻蜓翅膀上有类似于现代蜻蜓的褶皱，并能够缓缓地扭动翅膀。

小知识

含有昆虫的琥珀俗称"琥珀藏蜂"，它所含的昆虫通常形态很逼真。

kūn chóng jiā zú
昆虫家族

昆虫可是一个种类、数量都非常庞大的大家族，结茧吐丝的蚕，争强好斗的蟋蟀，在花丛里舞蹈的蝴蝶，招人讨厌的苍蝇、蚊子等，都是这个大家族里的成员，它们之间又有什么不同呢？

páng dà de jiā tíng
庞大的家庭

昆虫是节肢动物中最大的家族，而且同一种昆虫的群体数量也非常大，一个蚂蚁群就能有大约50万个家庭成员，很让人吃惊吧？不仅如此，昆虫生活的环境也多种多样。

bù tóng de fēn zhī
不同的分支

科学家们按照昆虫的起源、亲缘关系、进化历程、生活习性等特点，将它们分门别类。昆虫一共有30多个目，目下又分科，科下面又有属，属下就是我们常说的种。

顽强生存
wánqiángshēngcún

昆虫有着顽强的生命力。科学家们曾在高温炎热的赤道区、酷寒的两极、地下极深的洞穴、海拔数千米的岩石上，以及高达49℃的温泉中都发现过昆虫。

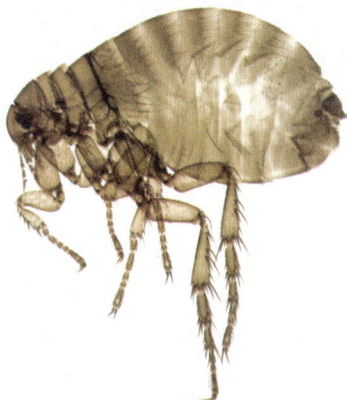

▲ 跳蚤的触角又粗又短，但它们的嘴巴却很锐利，用于吸吮寄主的血液

寄生昆虫
jì shēng kūn chóng

昆虫中有一些成员靠寄宿在别的动物身上、体内，吸食别的动物血液为生。这类昆虫的体型通常都比较小，它们中大部分种类的幼虫一般都没有脚，或者脚已经退化，视力也比较弱。

强大的繁殖力
qiáng dà de fán zhí lì

大多数昆虫都有着惊人的繁殖能力。通常情况下，一只雌性昆虫一生产卵的数量在数百粒到上千粒范围内，有些会更多。比如，蜂群里的蜂后有的一生可产卵百万粒。

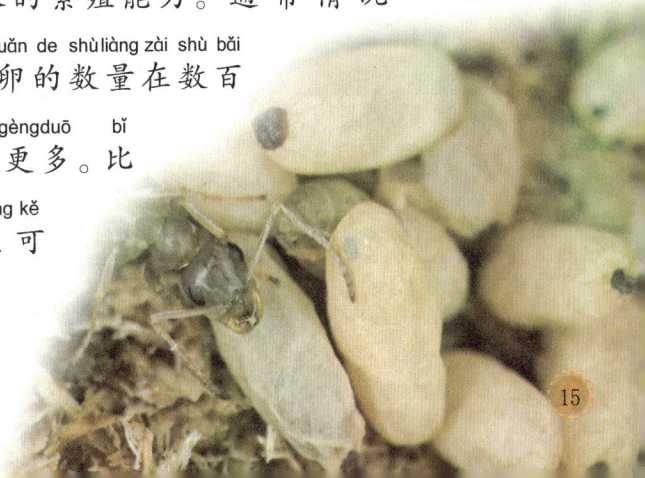

lín chì mù
鳞翅目

měi lì de hú dié pū huǒ de fēi é yīn wèi shēn tǐ hé chì bǎngshang dōu fù gài
美丽的蝴蝶、"扑火"的飞蛾，因为身体和翅膀上都覆盖
zhe dà liàng yī chù jí luò de chénzhuàng lín piàn bèi chēng wéi kūn chóngzhōng de lín chì mù hú dié
着大量一触即落的尘状鳞片，被称为昆虫中的鳞翅目。蝴蝶
yǔ fēi é shì lín chì mù zuì zhǔ yào de liǎng gè zhǒng lèi dàn nǐ zhī dào tā men yǒu shén me xiāng sì
与飞蛾是鳞翅目最主要的两个种类，但你知道它们有什么相似
hé bù tóng zhī chù ma
和不同之处吗？

chū cán é
▲ 樗蚕蛾

àn dàn de é lèi
黯淡的蛾类

suī rán hú dié yǔ fēi é tóng shǔ lín chì mù dàn
虽然蝴蝶与飞蛾同属鳞翅目，但
é lèi sì hū yuǎn méi yǒu hú dié nà me rě rén zhù yì tā
蛾类似乎远没有蝴蝶那么惹人注意。它
men méi yǒu hú dié de měi lì yě méi yǒu hú dié yōu yǎ
们没有蝴蝶的美丽，也没有蝴蝶优雅
de wǔ zī tā men tǐ sè àn dàn dà duō shù é lèi hái zài yè jiān huódòng hěn nánxiǎngshòudào
的舞姿。它们体色暗淡，大多数蛾类还在夜间活动，很难享受到
hú dié nà zhǒngyángguāng xià de míngliàng yǔ róngyào
蝴蝶那种阳光下的明亮与荣耀。

bù tóng de chù jiǎo
不同的触角

hú dié yǔ é lèi de chù jiǎo dà yǒu bù tóng dié lèi tóu bù yǒu
蝴蝶与蛾类的触角大有不同。蝶类头部有
péng dà de bàngzhuàng chù jiǎo duō shù de é lèi chù jiǎo zé xiàngzhēn
膨大的棒状触角，多数的蛾类触角则像针
jiān yī yàngwān qū qǐ lái huò zhězhěng gè rú tóng yī cuō yǔ máo
尖一样弯曲起来，或者整个如同一撮羽毛。
shǎoshù de é lèi yīn wèi zài bái tiān huódòng chù jiǎo yǔ dié lèi xiāng sì
少数的蛾类因为在白天活动，触角与蝶类相似。

小知识

dōng chóng xià cǎo shì
冬虫夏草是
yóu lín chì mù zhōng de biān
由鳞翅目中的蝙
fú é yòuchóng sǐ hòu yǔ
蝠蛾幼虫死后与
jùn lèi jié hé xíngchéng de
菌类结合形成的。

休息的姿态

翅膀上有鳞片是蝴蝶与蛾最主要的共同点，不过两者翅膀的形态和活动方式却不一样。蝶类的翅膀休息时可以折叠后竖在背上，蛾类则将四翅平铺着休息。

▲ 波吕斐摩斯蛾

优雅的飞行

蝴蝶被称为"飞行的花朵"，它们常常穿行在花丛间吸食花蜜，轻盈优美的飞行姿态常引来人们的赞叹。蝴蝶在飞翔时波动很大，而且前后翅不同步扇动，才形成了所谓的"翩翩起舞"。

飞蛾扑火

蛾都是用月光作为"导航仪"，飞蛾只要保持同月亮的固定角度，就可以朝一定的方向飞行。当蛾看到灯光时，会误认其为"月光"，并按本能，仍使自己和光源保持固定角度，于是不停绕着灯光飞，直至筋疲力尽。

▲ 蛾的外形和蝴蝶很像

shuāng chì mù
双翅目

双翅目，顾名思义，是只有一对翅膀的昆虫。烦人的苍蝇、可恶的蚊子等都属于昆虫家族双翅目这个小家庭。生活在我们身边的双翅目昆虫大多具有危害性，不过它们同样也是一些"个性"十足的小生命。

藏起来的翅膀

有翅昆虫的翅膀都是两对，怎么双翅目只有一对呢？原来，双翅目昆虫在长大后前翅都几乎看不见，就剩下明显的后翅，不仔细看，还真以为它们只有一对翅膀呢。

身体外形

双翅目的身体有的短而宽，有的则比较纤细，你比较一下苍蝇和蚊子的体型就能看出来。它们的身长一般不超过2.5厘米，在昆虫家族里属于中小型。

生活的环境
shēnghuó de huánjìng

双翅目昆虫有着极强的适
shuāng chì mù kūnchóng yǒu zhe jí qiáng de shì

应力，有的住在陆地上，有的
yìng lì yǒu de zhù zài lù dì shang yǒu de

生活在水里。多数双翅目昆虫都
shēnghuó zài shuǐ lǐ duō shù shuāng chì mù kūnchóng dōu

在白天活动，也有少数喜欢夜间出门。
zài bái tiān huódòng yě yǒu shǎoshù xǐ huan yè jiān chū mén

它们对食物很少挑三拣四，花蜜、树液、食品以及血液都可入口。
tā men duì shí wù hěn shǎo tiāo sān jiǎn sì huā mì shù yè shí pǐn yǐ jí xuè yè dōu kě rù kǒu

寄蝇
jì yíng

小知识

寄蝇幼虫常
jì yíng yòu chóng cháng

钻到其他昆虫幼
zuān dào qí tā kūn chóng yòu

虫和蛹内生存，
chóng hé yǒng nèi shēng cún

会导致寄主死亡。
huì dǎo zhì jì zhǔ sǐ wáng

双翅目中的寄蝇与我们常见的家蝇长
shuāng chì mù zhōng de jì yíng yǔ wǒ men cháng jiàn de jiā yíng zhǎng

得很相似，因为它们的幼虫寄生在其他昆虫
de hěn xiāng sì yīn wèi tā men de yòuchóng jì shēng zài qí tā kūnchóng

或动物体内，因此称"寄蝇"。寄蝇的成虫
huòdòng wù tǐ nèi yīn cǐ chēng jì yíng jì yíng de chéngchóng

喜食花蜜，它们既能传播花粉，但也是危害
xǐ shí huā mì tā men jì néng chuán bō huā fěn dàn yě shì wēi hài

果蔬的害虫之一。
guǒ shū de hài chóng zhī yī

吸血的牛虻
xī xuè de niú méng

虻是双翅目的一种，因为经
méng shì shuāng chì mù de yī zhǒng yīn wèi jīng

常趴附在牛背上吸食牛的血液而得
cháng pā fù zài niú bèi shang xī shí niú de xuè yè ér dé

名牛虻。牛虻的头比较大，呈胸
míng niú méng niú méng de tóu bǐ jiào dà chéng xiōng

前，长有细毛，翅膀大而透明。牛
qián zhǎng yǒu xì máo chì bǎng dà ér tòu míng niú

虻常在白天活动，擅长飞行，经
méng cháng zài bái tiān huódòng shàncháng fēi xíng jīng

常吸食动物血液，偶尔会吃花蜜。
cháng xī shí dòng wù xuè yè ǒu ěr huì chī huā mì

▲牛虻是虻的俗称，它们的头
niú méng shì méng de sú chēng tā men de tóu

通常为半球形或略带三角形
tōngcháng wéi bàn qiú xíng huò lüè dài sān jiǎo xíng

革翅目
gé chì mù

革翅目昆虫经常出现在卫生间、厨房等比较潮湿的地方，是自然界里常见的一类昆虫。人们根据它们的身体特点这样描述蠼螋："前翅短截革翅目，后翅如扇脉似骨；尾须坚硬呈铗状，蠼螋护卵似鸡孵。"

奇特的样貌

革翅目昆虫统称蠼螋，它们有着狭长、略扁而坚硬的身体，体色为淡黄色或黑色。多数的蠼螋头都又扁又宽，复眼发达，有着丝状的触角，前胸有一块呈近方形的大而扁平的护胸甲。

▼ 蠼螋前翅明显，后翅不明显

有力的尾铗

蠼螋类的脚强而有力，它们身后原本也有一对尾须，不过已经演化成了坚硬的尾铗。这对尾铗是蠼螋的防卫工具，用来示威，吓跑敌人。

shēnghuó xí xìng生活习性

蠼螋面目凶恶，其实性情并不坏。它们喜欢在夜间活动，而白天则潜伏在土壤里、石块下生活。这些小动物一般都过着"独立"的生活，只有少数寄生在其他动物体内，如鼠螋。

被人误解

小知识

蠼螋遇到敌害时能装死逃命，腹部的腺褶能分泌特殊的臭气驱敌。

因为蠼螋身体细长，而且腹部能自如伸缩，再加上又常在夜间活动，所以很多人都认为它们能够趁着人们熟睡之际，爬到人的耳朵里，甚至钻入人的大脑，蠼螋因此又得了"耳夹子虫"的名字，事情果真这样吗？

消除误会

大多数的蠼螋都以花瓣和植物的叶子为食，但蠼螋中的一些食肉的种类却能捕食很多害虫，如地老虎等。

▲ "耳夹子虫"是蠼螋的俗称

yīng chì mù
缨翅目

缨翅目昆虫通称"蓟马",因为它们的翅膀比较发达,前、后翅的边缘上都生长着密密麻麻的缨状长毛,因此得名"缨翅目"。缨翅目中的很多种类都是危害农作物的害虫,也有少数肉食性的捕食害虫。

xiá cháng de chì bǎng
狭长的翅膀

缨翅目昆虫通常都有2对狭长的翅膀,有些种类翅膀则退化到几乎看不见。一般的昆虫翅膀上会有明显的翅脉,

▲ 西花蓟马是一种危险的害虫

但缨翅目的翅脉多数已经退化。每当休息时,它们会把翅膀放在背上,有的会呈平行状,有的则重叠在一起。

▲ 烟蓟又称棉蓟马、葱蓟马

pào tuǐ mù yóu lái
"泡腿目"由来

缨翅目昆虫前胸比较发达,能自由活动,没有很明显的分节。多数缨翅目昆虫长在胸部的一对大脚都有1~2个跗节,脚的末端还有一个能自由伸缩的端泡。

小知识

烟蓟马的成虫多寄生在烟叶和棉花嫩叶的背面取食和产卵。

卵生特点

多数缨翅目昆虫都是卵生。当卵快要孵化成功时，卵上会出现红色或黑色的小点。缨翅目昆虫在"婴幼"时期称为若虫，从若虫长成成虫，要经历不完全变态发育的过程。

发育过程

蓟马若虫的翅膀是在体内发育的，这时它们的脚和嘴已经和成虫基本相似。到下一阶段，有些种类的若虫会长出翅芽进入前蛹期，再进入蛹期。此时它们不吃不动，之后就可破蛹而出。

▲蓟马成虫体长约1毫米，金黄色，卵长0.2毫米，长椭圆形，淡黄色。成虫多在叶脉间吸取汁液，因其较小不易看到，生产中常被忽视

烟蓟马

烟蓟马是缨翅目的一种，又称棉蓟马，它们的头部宽且长，其前胸稍长于头，后脚有两对长鬃。中胸腹片内的叉骨有刺，没有后胸。烟蓟马对葱、蒜等蔬菜以及棉花有很大危害。

tóng chì mù
同翅目

同翅目昆虫包括了蝉、蚜虫等成员，除了蝉还经常出现在古人的诗词文章中，被认为具有"餐风饮露"的"高洁"品质而受到古人喜爱外，大多数的同翅目昆虫大概都不招人喜欢，因为它们经常危害人类的作物。

翅膀的特点

因为前翅的质地相同，同翅目因此得名。它们的前翅往往为膜质或鞘质，质地均匀，休息时翅膀会搭成一个三角状放置。

爱叫的蚱蝉

蚱蝉是蝉科中形态较大的昆虫。由于它在夏天会发出"蚱、蚱"的声音，而且常展开集体竞赛，声音非常大，因此得名蚱蝉。蚱蝉的雄虫体长而宽大，雌虫则比较瘦小。

▲ 蚜虫与蚂蚁的关系非常好，它们各取所需，看上去很和睦

蚧壳虫

蚧壳虫是一类小型昆虫，大多数虫体上被有蜡质分泌物，体外有一层蜡质蚧壳。它们有着很强的繁殖力，几代同堂很常见。蚧壳虫的若虫不大爱活动，但经过短时间爬行训练后，就能长成成虫。

不起眼的蚜虫

蚜虫也称蜜虫，是一种体型非常小的同翅目昆虫，一般为2毫米左右。它们生活在植物的叶片、嫩茎、花蕾等部位。

繁殖与食性

同翅目昆虫生殖方式有两性生殖和孤雌生殖两种。有些种类的雌虫具备发达的产卵器，不用"结婚""怀孕"就能产出后代。它们多以植物汁液为食。

小知识

有些蚜虫会把从植物身上取来的蜜露分给蚂蚁。

▲ 蚜虫对植物的危害很大

bàn chì mù
半翅目

半翅目昆虫因为后翅为膜质，前翅一半为坚硬的鞘质，一半为膜质，即半鞘质，因此得名半翅目。由于很多半翅目昆虫的身上都具有臭腺，可以分泌有异味的臭液，于是它们又被称为"臭虫"。

▲ 椿象

"丑陋"的猎蝽

半翅目家族中的猎蝽其貌不扬，但这些貌不惊人的小动物却是捕食白蚁的好猎手。猎蝽常守在白蚁洞穴前，先猎杀一只白蚁，等视力差、嗅觉强的白蚁嗅到同伴遇难的气息前来救援时，猎蝽就能将它们一网打尽。

漂亮的盲蝽

与土里土气的猎蝽相比，身着黄、绿、褐等"花衣裳"的盲蝽可是漂亮多了。盲蝽因没有单眼而得名，它们体形多样，活泼好动，擅长飞行，常在各类植物间穿梭飞行。

怪异的瘤蝽

长相奇特的瘤蝽一般藏匿在花或植物上，它们能利用自己腿上的齿夹住猎物，吸食猎物的体液。瘤蝽身体虽小，但却具有很强的捕猎能力，甚至能捕食像熊蜂、胡蜂和蝴蝶那样大的昆虫。

蝽类的生长方式

蝽是半翅目的主要种类，它们的成长过程一般要经历卵、若虫和成虫三个时期。

多数蝽一年只生1代，以成虫越冬。但也有少数种类一年可繁殖多代，这时，就不得不以卵越冬。

小知识

盲蝽的臭腺

很发达，是半翅目中比较臭的一种。

生活习性

半翅目中的大部分种类都吸食人和牲畜的血液，也能用"嘴"刺入植物中吸取汁液。它们终年生活在墙缝等处，只夜晚出来活动。其寿命通常为一年左右。臭虫不但能忍饥挨饿，还耐得住严寒。

qiào chì mù
鞘翅目

在户外的树林中、草地上经常可见的甲虫，几乎都是鞘翅目的成员。虽然鞘翅目大家庭的成员在体型大小上有着比较大的差异，但因为它们都"披盔戴甲"，因此又有了"甲虫"这个通称。

jiān yìng de jiǎ yī
坚硬的"甲衣"

甲虫身上两片能开能合而且看上去硬硬的"甲衣"，实际上是它们已经角质硬化的、没有翅脉的鞘翅。甲虫停下休息时，两片鞘翅会在背中央相遇并合成一条直线，而膜质的后翅则会横叠在鞘翅下面。

▲ 巨甲虫 翅膀很硬

小知识

多数的甲虫生活在陆地，也有少数种类能适应水陆两栖生活。

成长中的形态

甲虫的卵大多是圆形或者圆球形，幼虫通常只有很少的几只脚，有发达的胸腿，但腹部腿完全退化。绝大多数甲虫的蛹翅膀和脚都可自由活动，称为裸蛹；少数种类的蛹外面包着一层膜，称为被蛹。

▲ 虎甲虫

独特的"嘴巴"

鞘翅目昆虫的外骨骼发达，身体比其他的昆虫坚硬，称得上是昆虫中的"铠甲武士"。它们有着咀嚼式口器，不像蚊子那样能在人的皮肤上用尖嘴"打钻"，这有利于甲虫啃食植物茎叶或食肉。

甲虫的食物

甲虫的食物来源很广，它们有的喜欢啃食植物的枝叶，如金龟子；有的能捕食其他昆虫，具有肉食性，比如虎甲虫；有的喜欢以腐烂的动、植物遗体为食，称为葬甲或阎甲；还有的以动物粪便为食，如屎壳郎。

mài chì mù
脉翅目

mài chì mù kūn chóng tǒng chēng wéi líng　bāo kuò cǎo líng　fěn líng　táng líng děng kūn chóng　zhè
脉翅目昆虫统称为蛉，包括草蛉、粉蛉、螳蛉等昆虫。这
xiē kūn chóng de chéng chóng hé yòu chóng dōu bǔ shí hài chóng　shì yī lèi zhòng yào de yì chóng　suī rán
些昆虫的成虫和幼虫都捕食害虫，是一类重要的益虫。虽然
zhǐ shì kūn chóng jiā zú lǐ de yī gè xiǎo xiǎo fēn zhī　dàn mài chì mù chéng yuán bàn yǎn de jué sè què
只是昆虫家族里的一个小小分支，但脉翅目成员扮演的角色却
hěn zhòng yào
很重要。

chì bǎng shang de mài luò
翅膀上的脉络

mài chì mù kūn chóng dōu yǒu　duì mó zhì chì bǎng　shàng mian yǒu mì rú zhū wǎng bān de mài wén
脉翅目昆虫都有2对膜质翅膀，上面有密如蛛网般的脉纹。
zài gè gè zhǔ mài dào chì bǎng biān yuán de dì fang　huì yǒu hěn duō xiǎo gǔ de fēn chà　zhè jiù shì mài
在各个主脉到翅膀边缘的地方，会有很多小股的分叉，这就是脉
chì mù dé míng de yóu lái　shǎo shù mài chì mù kūn chóng chì mài zé bǐ jiào jiǎn dān　dàn shàng miàn fù gài
翅目得名的由来。少数脉翅目昆虫翅脉则比较简单，但上面覆盖
yǒu bái sè fěn chén kē lì　rú fěn líng
有白色粉尘颗粒，如粉蛉。

漂亮的蚁狮

因为能够大量捕食蚂蚁，有一种昆虫得名"蚁狮"。蚁狮捕食蚂蚁时，会先在沙地上钻出一个漏斗状的陷阱。当蚂蚁因沙土松动掉进陷阱，它还会不断向外抛沙子，使猎物被流沙推进沙坑中心，最后吃掉它们。

凶猛的"蚜狮"

和蚁狮一样，草蛉的幼虫有"蚜狮"之称。蚜狮没有翅膀，却能四处爬动寻找猎物。它们能用强大的上、下颚紧紧夹住猎物，用分泌的消化液溶解害虫的身体，吸食昆虫体液。

小知识

绿草蛉触角为长丝状，眼睛是金色或铜色，因此又叫"金眼草蛉"。

吃蚜虫的绿草蛉

绿草蛉是一类有着绿色而柔软的身体，长着2对透明翅膀的昆虫，常常缓慢地在空中飞翔。它们有吸管似的口器和发达的腿，前后翅形状相似，都有网状脉。它们的成虫捕食蚜虫等软体昆虫，吸食其体液。

niǎn chì mù
捻翅目

捻翅目昆虫统称为捻翅虫，它们是一种体型较小，连蜻蜓类昆虫的大小都比不上的非常小巧的微型昆虫。人们总结它们的特征为："寄生昆虫捻翅目，雌无眼角缺翅腿，雄虫前翅平衡棍，后胸极大角分枝。"

奇特的生育

捻翅虫交配时，雌虫会在寄主身体上咬开一个小口，然后将它的生殖孔露到外面与雄虫完成交配。之后，还会待在寄主体内产卵。

◀ 蟓科大都寄生在捻翅目昆虫身上。中国已记载有一种土蟓。图为雄土蟓。

"长不大"的虫子

捻翅虫的雌虫终生"长不大"，它们的身体状态会一直处在幼年时期，而且通常会寄生在别的昆虫，如叶蝉、飞虱等体内。一旦捻翅虫的雌虫找到寄主，它会一生对寄主"不离不弃"。

雌虫的样貌
cí chóng de yàngmào

▲ 少数捻翅目雌虫能独立生活
shǎoshùniǎn chì mù cí chóngnéng dú lì shēnghuó

捻翅虫寄生在其他昆虫体内的雌虫，大部分都有着暗淡的肤色和膜质的、柔软的身体。很多雌虫没有眼睛和触角，"嘴"也已经退化，翅膀和腿也一样。

雄虫也威武
xióngchóng yě wēi wǔ

捻翅目昆虫的雄虫一般都过着自在的"单身汉"生活，它们的样貌比起雌虫更具有一般昆虫的特征。有大而突出的复眼，咀嚼式的"嘴巴"，有呈扇状或分枝状的触角和两对翅膀。

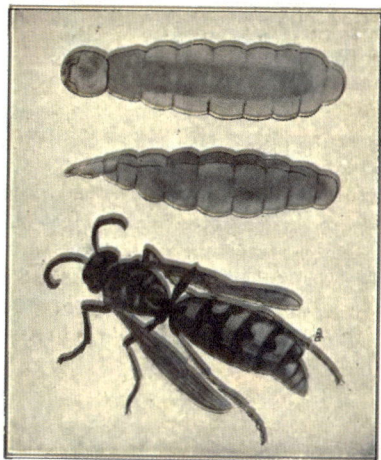

▲ 捻翅目寄生蜂
niǎn chì mù jì shēngfēng

小知识

捻翅目雌虫会使寄主发育不正常，甚至不能繁衍后代。

尽快"择偶"
jǐn kuài zé ǒu

捻翅虫的雄虫在由蛹变为成虫期间不"吃饭"。到了一定时期，雄虫就要全力以赴尽快找到"媳妇"，以完成繁衍后代的责任。

mó chì mù
膜翅目

膜翅目昆虫一般都拥有两个透明的，如同薄膜一样的翅膀，因此得名膜翅目。各种蜂和蚂蚁都属于膜翅目昆虫，虽然它们一个飞翔在天空，另一个在地上爬行，但却是名副其实的"亲戚"呢。

▶ 膜翅目有咀嚼式口器

翅膀与飞行

膜翅目昆虫翅膀上的脉将每个翅膀分为面积较大的格，飞行时，两个膜翅同步运动。但也有一些昆虫的翅膀完全退化，如蚂蚁中的工蚁。

怪异的长相

膜翅目家族里的成员有着明显的头部，而且大部分看起来如球形；"脖子"很细小，能自由转动；有着形状各异的触角，并且雄虫的触角往往比雌虫发达。

幼虫的生活

膜翅目昆虫的幼虫分为两类，一类为蝎型幼虫：体表通常有毛斑，头部比较硬，有触角和下颚须，有胸腿、腹腿，能独立生活，以植物为食；另一类为无腿型幼虫，皮肤上没有色斑，最重要的是胸部无腿。

小蚂蚁

蚂蚁有着大大的脑袋，"嘴"里长着颚，里面的一对用来咀嚼食物，外面一对则用来携带食物和作为挖掘工具。蚂蚁有的住在固定的巢穴中，有的喜欢四处"旅行"，如行军蚁。

凶猛的胡蜂

胡蜂俗称黄蜂，它们多有着黑、黄、棕三色相间的"外衣"，因为翅膀发达，所以飞行速度很快。雌胡蜂腹部末端的产卵器上有螫针，与毒囊相连，能分泌毒液。如果遇到突袭，胡蜂会群起攻击。

bù jiǎ kē
步甲科

步甲科是昆虫家族鞘翅目中最大的分支，这个大家庭的家庭成员可说是昆虫王国里的"勇士"。它们体形虽小，却能够捕食蚯蚓、蜘蛛，甚至田鼠那样的庞然大物，很多还有着"独门绝技"。

bù jiǎ kē de qiào chì
步甲科的鞘翅

步甲科昆虫多有着色泽幽暗的鞘翅，翅上常带金属光泽，而且多数种类的后翅都已经退化或者干脆没有后翅。

▲ 步甲科身体大多很光洁

yǒu qù de shēnghuó
有趣的生活

飞行不是步甲科昆虫的特长，但它们有着长长的腿，当在地面活动时，行动却相当敏捷。步甲科的幼虫体形细长，很多都有食肉性，有的也以植物种子为食。许多步甲科昆虫能分泌一种难闻的液体。

强悍的硕步甲
qiánghàn de shuò bù jiǎ

硕步甲是步甲科的一种，它们有着4厘米左右的"个头"，穿着黑亮的"盔甲"，漂亮而威武。因为它们能快速出击，一举拿下蚯蚓、蜗牛、蛾等猎物，因此有"昆虫中的猎豹"之称。

射炮步甲的炮弹
shè pào bù jiǎ de pào dàn

射炮步甲体形不大，却是昆虫界有名的"投弹高手"。它们的腹部末端有一个小囊，能喷出有毒液体。当敌人进犯时，它便将毒液喷出，同时发出"嘭"的声响，吓跑敌人。

小知识

逗斑青步甲
dòu bān qīng bù jiǎ
"杀伤力"极强，两三只就能在短时间内杀死一只田鼠。

"假死"唬敌
jiǎ sǐ hǔ dí

金星步甲因为鞘翅上有着星星点点的金属光泽，因而得名金星步甲。它们的幼虫在成长期一旦受惊，会迅速"假死"落地，然后快速潜入草丛中逃走。同时它还能分泌一种臭味物质，以抵御侵犯者。

jīn guī zǐ kē
金龟子科

金龟子科是鞘翅目中的一个大家庭，它们大都体壳坚硬，表面光滑，背部及鞘翅上有金属光泽。这个大家庭里的昆虫成员喜欢吃的食物种类很多，但多数都会危害苹果、桃等果树，属于害虫之列。

奇特的幼虫

金龟子科昆虫的幼虫大多为乳白色，幼虫的身体常常会弯曲起来，好像一个呈"C"形的马蹄。很多金龟子科昆虫幼虫的背上都有许多横向波纹，尾部有刺毛，一般生活在土壤中，称为"蛴螬"。

幼虫的危害

春天万物复苏，很多昆虫的幼虫也进入一个活动高峰期。而藏在土壤浅层的金龟子幼虫也抓住机会，肆无忌惮地啃食幼苗根部。

◀ 雌雄金龟子正在交配

成长过程

金龟子从卵到成虫大致需要一年时间，少数种类则需要两年。它们长大之前在土壤中生活，并在土壤中化蛹，然后才爬到地上。

"大力士"

金龟子科的独角仙因为长着一只奇特的角，看上去更加威武。它们是一种体形较大的昆虫，长得身宽体胖，力大无比，甚至都能拉得动比自己身体重数十倍的东西。

▲ 独角仙

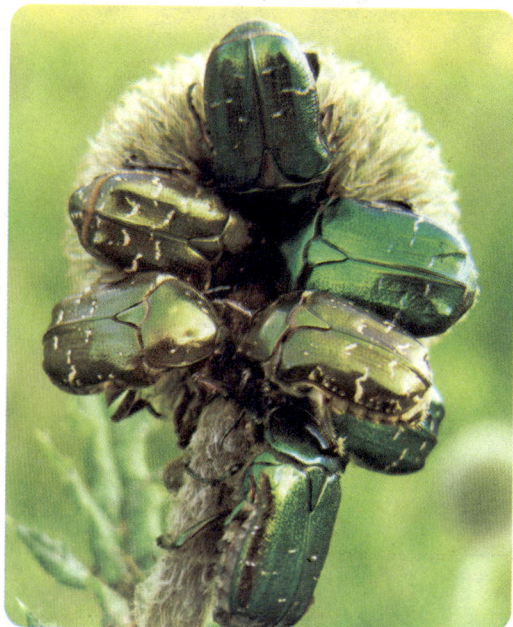

铜绿金龟子

铜绿金龟子是金龟子科最常见的种类，由于它们的身体背部呈铜绿色，且泛着金属光泽，因而得名铜绿金龟子。铜绿金龟子头部为褐色，有胸腿3对，擅长爬行。

◀ 铜绿金龟子会危害植物

昆虫的一生

昆虫也和我们人一样，有自己的生老病死。在长短不一的生命期限中，它们也有着各自不同的生命轨道。昆虫都是从卵中孵化而出的，从在卵中孕育开始，昆虫"妈妈"就给了它们敲开世界大门的本领。卵不同，昆虫的生长环境也有差异。在经历了蜕皮，破蛹羽化的过程，长大成虫后，它们还要寻找配偶、交配、繁殖，繁衍后代，延续这个庞大家族的生命。

从卵中孵化
cóng luǎn zhōng fū huà

昆虫的卵是它们来到世界上的第一种生命形态，从表面上看，它们是静止的，但内部却进行着剧烈的生命活动。昆虫的卵要经过一段时间的孵化期才能长成幼虫，为了保护自己未出生的孩子，昆虫妈妈们也会很辛苦。

卵的结构
luǎn de jié gòu

昆虫的卵是昆虫身体发育的第一个阶段，它由卵壳、卵黄、卵细胞和卵孔等几个部分组成。从昆虫妈妈产下卵一直到孵化所经历的过程叫卵期。

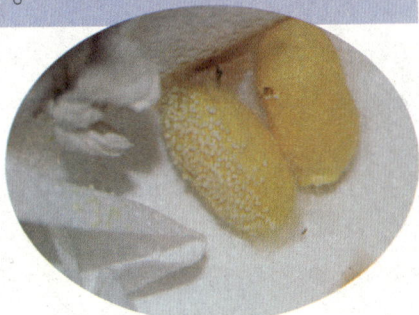

▲ 蚕的一生经过蚕卵—蚁蚕—熟蚕—蚕茧—蚕蛾的过程，共40多天的时间。

▲ 交配中的逗娘

受精卵的形成
shòujīng luǎn de xíngchéng

雌雄昆虫交配完成后，来自雄虫的精子会不断游动，寻找并穿过卵子末端的卵孔，与卵子结合，一个受精卵就形成了。

"荡秋千" 的虫卵

脉翅目的草蛉有着在昆虫家族里比较特殊的卵，大部分草蛉的卵都有一条长长的丝柄，柄基部能够固定在植物的枝条、叶片、树皮等上面，而卵则高悬在丝柄的端部。

桶状的虫卵

椿象是有名的"臭气专家"，它们不仅臭气奇臭无比，就连产下的卵也跟别的虫子不一样。椿象的卵上下两头齐平，而中间部分则比较粗，这使得卵看上去好像一个肚子鼓鼓的木桶。

冲出卵壳

虫卵的孵化是指昆虫幼虫冲破卵壳而出的现象。鳞翅目幼虫多用上颚咬破卵壳而出，双翅目蝇科幼虫的钩子似的"嘴巴"也有类似作用。有些昆虫还具有刺、骨化板、翻缩囊等破卵器。

初临世界
chū lín shì jiè

刚刚从卵壳里探出头来的昆虫幼虫，是这个世界里一个崭新的小生命。对这些身体柔弱、自身毫无保护力的小东西而言，这个陌生的世界则是既新奇又危险。它们会面临怎样的问题呢？

▲ 凤蝶小时候是条其貌不扬的毛虫

出生"待遇"不同
chūshēng dài yù bù tóng

昆虫种类不同，它们的幼虫生活方式也会不同。

很多昆虫在幼虫阶段，就要开始学着自己"谋生"，比如寻找食物、躲避危险等。

毫无防备之力
háo wú fáng bèi zhī lì

昆虫从卵期到幼虫期，几乎没有任何防御敌害的能力。很多昆虫的幼虫因为身体长得"白白胖胖""细皮嫩肉"，因而成为不少动物喜爱的"美餐"。一旦遇到危险，毫无抵抗能力的虫宝宝只能坐以待毙。

危险的世界

▲ 蜂王幼虫有工蜂照顾

许多蜂都喜欢将巢穴安置在土壤中或岩石下，这些地方看似安全，实际上危机四伏。有些寄生蝇或甲虫经常藏在附近，一有机会，就钻入蜂巢将卵粘在蜂的身上或者蜂巢里，它们自己的幼虫出生后便吃掉蜂卵或蜂宝宝。

周到的"照顾"

没有食物，所有的生物都难以生存下去，但要靠自己寻找食物，对很多动物刚出生的"宝宝"来说可不容易。在昆虫界，很多虫宝宝在出生时，"父母"就已经把食物给它们准备好了。但要学会独立，它们还需自己努力。

▼ 寄生蛾幼虫

小知识

蚕的幼虫不仅能辨别食物是哪种叶子，还能嗅出叶子的鲜嫩程度。

xún zhǎo shí wù
寻找食物

昆虫的食性很杂，食物来源非常广，世界上所有的东西几乎都可能成为昆虫的食物。当昆虫从卵中孵化出来后，找食就成为它们要学会的第一项本领，没有吃的，它们又怎么能生存下来呢？

不同的食性

昆虫家族中的植食性成员主要吃植物的茎、叶和花，还有树汁和花蜜；肉食性昆虫则主要吃一些其他的虫子和它们的幼虫。

▲ 食肉蜂在撕咬猎物

蚂蚁团队

蚂蚁虽小，但全世界的蚂蚁一天却可以捕捉几十亿只昆虫，力量可并不小。它们捕捉到小猎物后会由单个蚂蚁拖回巢穴，若是大猎物，它们就用触角发出信息，召唤其他蚂蚁来帮忙。

萤火虫"聚餐"

晚上"提着灯笼"出门的萤火虫最喜欢的食物是蜗牛。夜晚，一只萤火虫发现了蜗牛，会先用自己的毒液把蜗牛麻醉，附近其他萤火虫就会飞来聚餐。

小知识

萤火虫叮咬蜗牛时，会释放出能令蜗牛的身体化成液体的消化液。

灰蝶幼虫的"诡计"

蝴蝶大多数食草，但也有少数种类的幼虫吃肉。蝴蝶中的灰蝶幼虫腹部背面能分泌蚂蚁特别喜欢吃的液体，诱使蚂蚁把自己运到蚁巢里。灰蝶幼虫到了"新家"，会一边分泌汁液，一边把蚂蚁幼虫当美食。

螳螂有"大刀"

螳螂是昆虫家族里的"带刀武士"，它们胸前有一对带锯齿的捕虫腿，看上去非常威武。平时，螳螂的这把"大刀"总是缩在胸前，如果遇到猎物，它会立即举起"大刀"，迅猛地砍向对手，昆虫立刻就成了它的美食。

▼ 漂亮抢眼的兰花螳螂

màn màn chéng zhǎng
慢慢成长

种类繁多、队伍庞大的昆虫家族在漫长的演化过程中，形成了自己与众不同的生活和成长方式。而昆虫王国内部，不同成员的生长历程、生活方式和捕食方式也各不相同。

wèi yíng chéng chóng
胃蝇成虫

胃蝇是生活在热带地区的一种昆虫，有着非凡的寄生能力。胃蝇的幼虫会钻入宿主的皮肤并寄生在内，如果寄生顺利，胃蝇的幼虫将在宿主的皮肤内寄生四十多天。

> **小知识**
>
> dāng kòu tóu chóng yǎng
> 当叩头虫仰
> wò shí tū rán qiāo jī tā
> 卧时，突然敲击它
> de zhuǎ zi kòu tóu chóng huì
> 的爪子，叩头虫会
> dàn qǐ bìng xiàng hòu tiào yuè
> 弹起并向后跳跃。

hēi jiǎ chóng   chǔ shuǐ
黑甲虫"储水"

沙漠里的黑甲虫，有着自己的一套"生存之术"。沙漠上白天炎热干燥，夜晚温度较低，温差能使空气中的水分凝结成水汽。白天不出门的黑甲虫，夜晚会把头埋入沙子里，用背上结成的水珠补充水分。

菜田里的"舞者"

菜粉蝶经常在菜地里翩翩起舞，为什么呢？原来，白菜、萝卜、甘蓝等蔬菜都含有一种叫芥子油的化学物质，这种气味能被菜粉蝶的触角"闻"到。于是菜粉蝶会毫不犹豫地飞去，并在菜叶上忙忙碌碌地产卵。

柔弱的赤条蜂

赤条蜂是一种长着细细的腰，有着纤细的身子，腹部中间好像是用一根细线连起来，黑色的肚皮上面围着一丝红色的腰带。赤条蜂看起来非常柔弱，但却能把胖乎乎的毛毛虫和蟋蟀搬回洞穴，喂养孩子。

kūn chóng de yòu chóng
昆虫的幼虫

hěn duō kūn chóng de yòu chóng zài cóng yòu chóng chéng zhǎng wéi chéng chóng de guò chéng zhōng dōu yào jīng

很多昆虫的幼虫在从幼虫成长为成虫的过程中，都要经

lì yī gè biàn tài fā yù guò chéng cóng tā men zì luǎn lǐ fū huà chū lái yī zhí dào zhǎng chū chéng chóng

历一个变态发育过程。从它们自卵里孵化出来一直到长出成虫

de tè zhēng zhè duàn qī jiān dōu shǔ yú yòu chóng qī bù tóng de kūn chóng yòu chóng de shēn tǐ qǔ

的特征，这段期间都属于幼虫期。不同的昆虫幼虫的身体、取

shí fāng shì děng yě gè bù yī yàng

食方式等也各不一样。

pàng pàng de máo máo chóng
胖胖的毛毛虫

máo máo chóng shì yǐ hú dié é lèi wéi zhǔ de lín chì mù kūn chóng de yòu chóng tā men yǒu

毛毛虫是以蝴蝶、蛾类为主的鳞翅目昆虫的幼虫，它们有

gè zhèng shì de tǒng yī míng chēng jiào zhú xíng yòu chóng máo máo chóng de shēn tǐ rú tóng yī gè yòu féi

个正式的统一名称，叫蠋形幼虫。毛毛虫的身体如同一个又肥

yòu duǎn de yuán zhù zi shàng miàn yǒu xiān yàn de sè cǎi huò huā wén hěn duō máo máo chóng dù zi xià miàn

又短的圆柱子，上面有鲜艳的色彩或花纹，很多毛毛虫肚子下面

hái zhǎng yǒu hěn duǎn de jiǎo

还长有很短的脚。

chóng zi yě yǒu nián líng
虫子也有年龄

yòu chóng měi tuì pí yī cì jiù yào

幼虫每蜕皮一次，就要

zēng jiā yī cì nián líng tā men de nián líng

增加一次年龄，它们的年龄

jiào chóng líng luǎn fū huà de yòu chóng

叫"虫龄"。卵孵化的幼虫，

jiào líng yòu chóng dì yī cì tuì pí hòu

叫1龄幼虫。第一次蜕皮后

de yòu chóng chēng líng yòu chóng

的幼虫，称2龄幼虫。

蜕皮才能成长
tuì pí cái néng chéng zhǎng

kūn chóng de yòu chóng yě jiào ruò chóng ruò chóng zì jǐ qǔ shí
昆虫的幼虫也叫若虫，若虫自己取食

shēng zhǎng dào yī dìng jiē duàn yīn wèi tā men de shēn tǐ wài miàn
生长到一定阶段，因为它们的身体外面

de gǔ gé huì biàn yìng bìng fáng ài tā men róu ruǎn de shēn tǐ jì
的骨骼会变硬，并妨碍它们柔软的身体继

xù zhǎng dà suǒ yǐ kūn chóng de yòu chóng dào yī dìng shí qī bì
续长大，所以昆虫的幼虫到一定时期必

xū yào jīng lì yī cì tuì pí guò chéng cái néng jì xù chéng zhǎng
须要经历一次蜕皮过程，才能继续成长。

小知识
zhà chán yòu chóng yī
蚱蝉幼虫一
shēng zài tǔ zhōng shēng huó
生在土中生活，
kuài zhǎng chéng chéng chóng shí
快长成成虫时，
huì pá dào shù shang tuì pí
会爬到树上蜕皮。

虫宝宝们的大餐
chóng bǎo bǎo men de dà cān

hěn duō kūn chóng zài yòu chóng shí qī wèi kǒu dōu tè bié dà ér
很多昆虫在幼虫时期胃口都特别大，而

chóng bǎo bǎo men de shí wù lái yuán gè yǒu tè sè rú yǒu de kòu
虫宝宝们的食物来源各有特色。如有的叩

tóu chóng xíng yòu chóng yǐ cǎo gēn wéi shí tiān niú de yòu chóng huì zhù
头虫形幼虫以草根为食，天牛的幼虫会蛀

shí shù gàn juǎn yè é de yòu chóng xǐ shí guǒ shí wén lèi yòu
食树干，卷叶蛾的幼虫喜食果实，蚊类幼

chóng huì zì cán tóng lèi yòu chóng děng
虫会自残同类幼虫等。

正常发育

很多昆虫在从卵中孵化出来后，要经过一次次的变化才能成为成虫，这被称为变态发育。但也有些昆虫的幼虫和成虫在外貌上没有多大区别，只是身体大小和生殖器官会随着虫龄增长而变化，这属于正常发育。

奇怪的发育方式

昆虫的正常发育也叫无变态发育，这种成长发育方式还分为增节变态、原变态和表变态三种类型。

小知识

衣鱼喜欢温暖湿润的地方，在干燥或寒冷的地方，不会进行繁殖。

"个头"随着"肚子"长

具有增节变态能力的昆虫，它们的幼虫和成虫之间，除了身体大小和生殖器官发育程度有差异外，腹部的节数还会随着蜕皮次数的增加而增加，称为增节变态。

成虫也蜕皮

有表变态能力的昆虫刚生下来时，就和它们的"父母"长得很相似。这些昆虫的幼虫和成虫之间，除了身体大小不一样外，外形上没有明显的不同，腹部的节数也一样。不过，成虫一般还会继续蜕皮。

▲ 白棘跳虫 成虫体长 1.9～2.0 毫米，白色，密布污白色细毛，触角第三节上的感觉器很复杂，头部仅有拟单眼，无复眼，触角为棒状。

蜉蝣的亚成虫

短命的蜉蝣类昆虫有着原变态的成长过程，它们的幼虫在成长到成虫的过程中，还要经历一段亚成虫的时期。蜉蝣的亚成虫和成虫外形很像，生殖器官、翅膀等都已长成。亚成虫的体色比成虫稍浅，腿也短，很少活动。

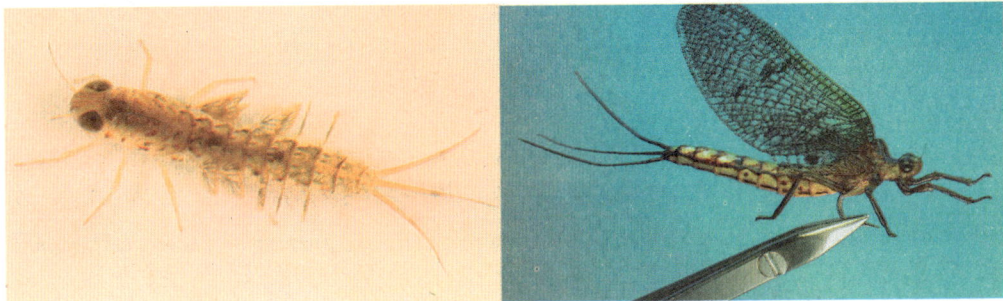

▲ 蜉蝣目昆虫幼虫（左）和成虫（右）的对比图

变态发育

有的昆虫在生长中从卵到蛹、幼虫，再到成虫这样的一个过程，在这个一系列的阶段中，昆虫的身体、生活方式会发生很大的变化，这样的成长过程就叫做变态发育。

不同的变态发育

不同昆虫的幼虫对生活环境有着不同的要求，因此也有了各种不同的变态类型。人们根据昆虫在发育过程中是否有蛹期，把这类昆虫分为完全变态和不完全变态两类。

◀ 蜉蝣目是具有最原始的变态类型的昆虫

不结蛹的昆虫

不完全变态昆虫的幼虫和成虫在身体外形、生活习性等方面都很相似，只不过幼虫体型较小、翅膀没长好，生殖器官也不完整。这类昆虫要经历卵、幼虫和成虫三个阶段，没有蛹期。

▲ 蜻蜓也具有不完全变态特征

生活环境有差异

不完全变态昆虫的幼虫从卵里孵化出来后，会进入到不同的生活环境中。那些生活在陆地上的幼虫称为若虫，而生活在水里的则称为稚虫。

惊人的转变

完全变态的昆虫在发育过程中，比不完全变态的昆虫多了蛹这个过程，它们的幼虫和成虫之间在样貌上还有着很大的差别。你能想象美丽的花蝴蝶竟然是从难看的毛毛虫变来的吗？

▲ 蝴蝶化蛹的情况

斑蝥的变态发育

斑蝥幼虫会趁着雌蜂产卵时，藏到蜜蜂卵堆里，吸食卵汁，并完成第一次蜕皮。之后，它又跑到蜜蜂藏蜜的地方，偷食蜂蜜。这种能变换环境的变态发育，称为复变态。

小知识

斑蝥的体内有一种叫斑蝥素的毒素，以前经常被用作药物治病。

tuì pí
蜕皮

昆虫和人一样，个头长高了，腿脚变长、长粗了，也到时候换身"新衣服"了。不过，小朋友们长高时，买身新衣裳就行，昆虫可不同，它们需要把身上的旧衣裳"褪掉"，才能"长出"新衣裳。

蜕皮与成长

幼虫想要生长，需要经历多次蜕皮。随着旧皮脱落，新皮开始生长。刚蜕皮后，新的表皮层还未硬化、加厚之前，幼虫的身体会变大。就这样，幼虫每蜕皮一次，身体就长大一些，外形也会跟着变化。

破壳而出的螳螂

摧毁外骨骼

幼虫蜕皮时，外骨骼细胞会分泌一种物质将坚硬的"外壳"溶解，使最上面那层能防止水分蒸发的蜡层破裂。这时，虫宝宝只要用上力气，就能从外骨骼里钻出来，并长出新的外骨骼。

蜕皮前的准备

蜕皮前，幼虫会停止进食，然后找个合适的地方，把自己固定上去。等新的表皮形成后，它就用力收缩腹部的肌肉，先用力收紧腹部，再猛吸一口气。

成功"换装"

幼虫吸进空气后，胸部会迅速地鼓起来，它的头和胸部、背上那些"旧衣裳"特别脆弱的地方受到挤压会被顶落，或者破裂，幼虫的头就先从"旧衣服"里出来了。然后，它会不断蠕动身体，慢慢把胸部、腹部的旧皮蜕掉。

小知识

昆虫蜕掉的皮是一个除背部有裂缝外，其他都完好无损的空皮筒。

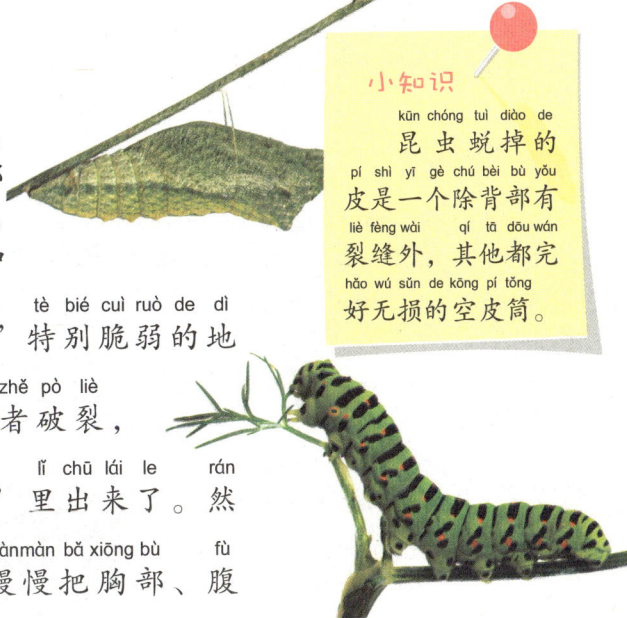

chéngchóng
成 虫

昆虫从幼虫或蛹蜕去最后一次皮或蛹壳，变为成虫的过程，人们给它取了个非常好听的名字，叫"羽化"。当昆虫从一个受精卵最终"长大成虫"后，个体行为会发生很大变化，到底有什么变化呢？

羽化也未必能"结婚"

昆虫羽化后，是不是就是一个成熟的成年昆虫了？不一定。很多昆虫羽化后，要经过数天发育生殖细胞才能成熟。尤其是雌虫，到了成熟的时候它们才能正式"结婚生子"，产卵繁殖。

群体生活

有些昆虫也像人一样过着群体生活，比如蜜蜂、蚂蚁等。在它们的大家庭里，成员之间还有不同的分工。

这类昆虫单独很难生存下去，但团结在一起却有着惊人的力量。

雌雄有分别

昆虫的雌虫和雄虫，除了生殖器官不同外，还有形态特征的不同。如有些蛾类雌蛾无翅，雄蛾有翅；有些昆虫的雌性和雄性则仅仅是花斑色泽有一定区别。

什么是世代

昆虫的个体（无论是卵还是幼虫）从离开母体，到"结婚生子"产生后代为止，这样的一个发育史，称为一个世代。昆虫的世代是从出生到死亡（非意外死亡）的发育过程。

蜂群的成员

在有些昆虫家庭里，不只有雌雄之分，还有别的成员，比如蜜蜂。蜂群里有唯一的雌蜂即蜂后，有少量的雄蜂，还有为数众多的工蜂。工蜂是一群没有生殖能力的雌蜂，肩负着筑巢、采食、育幼和清巢等工作。

kūn chóng qiú ǒu
昆虫求偶

经过从卵到幼虫，再到成虫的这个漫长过程，昆虫终于成年了。这个过程对我们人来说，或许非常短，但对昆虫而言，却是一个相当漫长的过程。接下来，昆虫就要进入自己最快乐的求偶阶段了。

yī shēng zhòng rèn
一生重任

求偶是昆虫寻找合适的伴侣，共同完成繁衍后代责任的行为。昆虫进入成虫期后，主要的任务就是择偶、交配、产卵，繁衍后代。昆虫的种类不同，求偶、"结婚"的方式也不同。

é de qiú ài fāng shì
蛾的"求爱"方式

蚕的成虫也属于蛾的一种，它们在求偶时不像其他昆虫那样，要通过唱歌或"婚飞"等隆重的仪式来吸引异性，而是靠释放特殊的气味来吸引伴侣。

时间的影响

有些昆虫在交配时会选择相对固定的时间，比如果蝇会在光线的明暗程度都比较合适的时候才会举行"新婚"仪式。有些蚂蚁家族的成员，比如弓背蚁、阿根廷臭蚁等会在日落或黎明时分"求婚"。

▲ 交配的苍蝇

小知识

雄螳虫靠摩擦发声吸引雌虫，雌螳虫一生可进行多次婚配。

昆虫的"集体婚礼"

螳虫的幼虫在完成最后一次蜕皮后，因为成虫的生殖器官还没有完全成熟，所以需要大量进食才能进一步发育。螳虫的雄虫经常飞到空中，举行盛大的"集体婚礼"。

"相亲相爱"

昆虫界有一种名叫无患子虫的昆虫，这种昆虫非常"恩爱"。它们在完成交尾后，雌虫和雄虫的身体还会一直粘在一起，直到雌虫产卵。

chǎn luǎn fāng shì
产卵方式

每个人从妈妈肚子里生出来时，我们的妈妈都会经受巨大的疼痛。在昆虫界，昆虫妈妈在产卵时也要耗费很大的精力，为了保证每一颗虫卵都能安然无恙，昆虫妈妈们形成了独特的产卵方式。

"妈妈们" 的考虑

虫妈妈们选择独特的产卵方式，主要目的是为了保护自己的卵不被捕食者吃掉，同时也是为了让自己的宝宝出生

▲ 黑甲虫产卵

后能就近取食，比如蜻蜓将卵产在水里，金龟子将卵产在土壤中。

虫卵也穿 "防护衣"

为了把自己产的卵固定在一个安全可靠的地方，许多昆虫会利用身体里分泌的一种保护液体为自己的虫卵穿上一件 "防护衣"，这种液体在空气中能很快变干，同时还能够防水。

zhāngláng de luǎnqiào
蟑螂的卵鞘

zhāngláng nénggòu fēn mì dà liàng nián yè cóng ér zài zì jǐ de pái
蟑螂能够分泌大量黏液,从而在自己的排

luǎn kǒu chù xíng chéng yī gè jiào luǎnqiào de xiǎo bāo wèi le ān quán kǎo
卵口处形成一个叫卵鞘的小包。为了安全考

lǜ cí zhāngláng huì bǎ luǎn chǎn zài luǎnqiào nèi
虑,雌蟑螂会把卵产在卵鞘内。

zhèng zài jiāo pèi de qīngtíng
▲ 正在交配的蜻蜓

qīng tíng diǎn shuǐ
蜻蜓点水

qīngtíng de shòujīng luǎn yīn wèi yào zài shuǐ
蜻蜓的受精卵因为要在水

zhōng cái néng fū huà suǒ yǐ tā men bì xū zài
中才能孵化,所以它们必须在

yǒu shuǐ de dì fang chǎn luǎn qīngtíng huì cǎi qǔ
有水的地方产卵。蜻蜓会采取

yòng wěi ba diǎn shuǐ de fāng fǎ bǎ luǎn pái dào
用尾巴点水的方法,把卵排到

shuǐ zhōng luǎn dào le shuǐ zhōng huì fù zhuó zài
水中,卵到了水中,会附着在

shuǐ cǎo shang bù jiǔ biàn fū chū yòu chóng
水草上,不久便孵出幼虫。

chǎn luǎn guàn jūn
产卵冠军

bái yǐ de yǐ hòu měi fēn zhōng chǎn luǎn
白蚁的蚁后每分钟产卵

yuē wéi lì tā de yī shēng néng chǎn dà
约为60粒,它的一生能产大

yuē yì lì luǎn ér yī zhī mián yá chóng suǒ
约5亿粒卵。而一只棉蚜虫所

chǎn de luǎn rú guǒ dōu huó zhe de huà nà me
产的卵如果都活着的话,那么

zài gè yuè de shí jiān nèi tā jiù kě néng
在3个月的时间内,它就可能

fán zhí chū dà yuē wàn yì zhī hòu dài
繁殖出大约6万亿只后代。

bái yǐ yǐ hòu zhèng zhōng jiān hé tā de hòu dài
▲ 白蚁蚁后(正中间)和它的后代

昆虫的死亡

kūn chóng de sǐ wáng

昆虫是自然界比较弱小的一个群体，它们有着众多的天敌，一不小心就会成为别的动物口中的"大餐"。人有生老病死，昆虫也一样，有的会自然死亡，有的则可能因意外而"殒命"。

蜜蜂之死

mì fēng zhī sǐ

蜜蜂会蜇人，蜇人后自己也会死亡。在蜜蜂家族里，蜇人的主要是工蜂，它用来蜇人的刺是它们没有发育成熟的产卵器，上面有带钩的毒刺。

小知识

工蜂蜇人后，伤口会放出告警气味，促使伙伴们消灭或赶走敌人。

奇怪的姿态

qí guài de zī tài

一些身体扁平的昆虫在死亡的时候，身体会失去控制，6只脚会不由自主地抖动、蜷缩，然后跌倒。一旦跌倒，身体再难翻过来，它们就只能六脚朝天地等死了。

灭顶之灾
miè dǐng zhī zāi

切叶蚁常用树叶来培植
qiē yè yǐ chángyòngshù yè lái péi zhí

蘑菇为食。因为培植蘑菇的地方
mó gū wéi shí　yīn wèi péi zhí mó gū de dì fang

不固定，"农场"常被废弃。一旦
bù gù dìng　nóngchǎng cháng bèi fèi qì　yī dàn

"农场"被别的菌类占领，耗掉氧气，
nóngchǎng bèi bié de jūn lèi zhànlǐng　hào diào yǎng qì

就很可能使切叶蚁的幼虫窒息而死。
jiù hěn kě néng shǐ qiē yè yǐ de yòuchóng zhì xī ér sǐ

自我牺牲
zì wǒ xī shēng

昆虫为生存和繁殖，会出现集体群飞、迁徙的行为。
kūnchóngwèishēngcún hé fán zhí　huì chū xiàn jí tǐ qún fēi　qiān xǐ de xíng wéi

因而有的昆虫会在迁飞过程中，因食料匮乏或者营养缺
yīn ér yǒu de kūnchóng huì zài qiān fēi guòchéngzhōng　yīn shí liào kuì fá huò zhě yíngyǎngquē

乏而累死在半路。有的昆虫为了帮助同类渡过难关，会自觉牺
fá ér lèi sǐ zài bàn lù　yǒu de kūnchóngwèi le bāngzhù tóng lèi dù guò nánguān　huì zì jué xī

牲，如行军蚁。
shēng　rú xíng jūn yǐ

害虫的克星
hài chóng de kè xīng

因为许多昆虫都是害虫，常危害农作物
yīn wèi xǔ duō kūnchóngdōu shì hài chóng　cháng wēi hài nóngzuò wù

生长，有些还能传播疾病，如跳蚤、牛
shēngzhǎng　yǒu xiē hái néngchuán bō jí bìng　rú tiào zǎo　niú

虻等。为了限制这些害虫的危害，人们
méngděng　wèi le xiàn zhì zhè xiē hài chóng de wēi hài　rén men

研制杀虫剂捕杀害虫。
yán zhì shāchóng jì bǔ shā hài chóng

昆虫的身体

昆虫是第一批出现在陆地上的动物，在漫长的进化历程中，它们不断地调整自己，去适应环境，延续种族的生命。在这个过程中，有的昆虫几乎保持原貌，有的身体结构、行为习惯则发生了很大的改变。昆虫种类不同，身体组成也有所差异。从它们的眼睛到它们的"嘴巴"，从尾须到六肢，以及"腿"上的细毛等都各有不同，让我们一起去了解昆虫身体的秘密吧！

kǒu qì
口 器

bù tóngzhǒng lèi de kūnchóngyǒu zhe gè zhǒng qí xíng guàizhuàng de zuǐ ba tā men de zuǐ

不同种类的昆虫有着各种奇形怪状的"嘴巴",它们的嘴

ba hái yǒu yī gè fēi chángzhèng shì de míngchēng jiào kǒu qì kǒu qì dān fù zhe kūnchóng qǔ

巴还有一个非常正式的名称,叫"口器"。口器担负着昆虫取

shí de zhòng rèn suī rán tā men yàng zi bù tóng dàn kūnchóng yùn yòng qǐ lái què shì líng huó zì rú

食的重任,虽然它们样子不同,但昆虫运用起来却是灵活自如。

jǔ jué shì kǒu qì
咀嚼式口器

jǔ jué shì kǒu qì yǒushàngchún xià chún shàng

咀嚼式口器有上唇、下唇、上

è yá chǐ hé shé hái yǒu xià chún xū xià è

颚(牙齿)和舌,还有下唇须、下颚

hé xià è xū shì kūnchóngzhōng zuì chángjiàn de kǒu qì

和下颚须,是昆虫中最常见的口器。

cāngying qǔ shí
苍蝇取食

cāngying de kǒu qì xiàng yī gè xī chén qì zài kǒu qì

苍蝇的口器像一个吸尘器,在口器

lǐ yǒu yī gè hǎi miánzhuàng de xiǎodiàn zi nénggòujiāng shí

里有一个海绵状的小垫子,能够将食

wù yī sǎo ér kōng zhèzhǒngkǒu qì chēngwéishǔn xī shì kǒu qì

物一扫而空,这种口器称为吮吸式口器。

cāngying de shǔn xī shì kǒu qì

▲ 苍蝇的吮吸式口器

huì juǎn qū de zuǐ ba
会卷曲的"嘴巴"

hú dié hé é lèi de kǒu qì shì yī gēn xì cháng de guǎn

蝴蝶和蛾类的口器是一根细长的管

zi píng shí zhè gēn xì guǎn zi huì juǎn zài yī qǐ qǔ

子,平时这根细管子会卷在一起。取

shí shí kě xī shí huā mì zhè shì hóng xī shì kǒu qì

食时,可吸食花蜜,这是虹吸式口器。

有力的上颚
yǒu lì de shàng è

咀嚼式口器的上颚前端有锋利的齿，用
jǔ jué shì kǒu qì de shàng è qiánduānyǒu fēng lì de chǐ yòng

来切断食物；上颚的后部粗糙不平，可用来
lái qiē duàn shí wù shàng è de hòu bù cū cāo bù píng kě yòng lái

磨碎食物。如有着咀嚼式口器的毛虫在吃树叶的时候，会先用坚
mó suì shí wù rú yǒu zhe jǔ jué shì kǒu qì de máochóng zài chī shù yè de shí hou huì xiānyòngjiān

硬的齿咬断树叶，然后用后颚再把树叶慢慢磨碎。
yìng de chǐ yǎoduànshù yè rán hòuyònghòu è zài bǎ shù yè mànmàn mó suì

小知识

蝇类的唇上
yíng lèi de chún shang
有一圈环形沟道，
yǒu yī quānhuán xíng gōu dào
液体食物会顺着沟
yè tǐ shí wù huì shùn zhe gōu
道流入口中。
dào liú rù kǒu zhōng

▲ 蚊子的口器如同针头，能刺入皮肤
wén zi de kǒu qì rú tóngzhēn tóu néng cì rù pí fū

蚊子的"嘴"
wén zi de zuǐ

有些昆虫的口器主要用来吸食动物血液和植物的汁液，如同
yǒu xiē kūnchóng de kǒu qì zhǔ yàoyòng lái xī shídòngwù xuè yè hé zhí wù de zhī yè rú tóng

一个空心的注射针头，取食时只需要把针一样的口器插到动、植
yī gè kōng xīn de zhù shèzhēn tóu qǔ shí shí zhǐ xū yào bǎ zhēn yī yàng de kǒu qì chā dàodòng zhí

物的表皮，就能吸取里面的血液或汁液，这种口器叫刺吸式口器，
wù de biǎo pí jiù néng xī qǔ lǐ miàn de xuè yè huò zhī yè zhèzhǒngkǒu qì jiào cì xī shì kǒu qì

比如蚊子。
bǐ rú wén zi

眼睛

昆虫的眼睛非常奇特，它们的眼睛有单眼和复眼之分，眼睛是昆虫最重要的感觉器官。我们在生活中经常听到"眼观六路"这个词，在自然界，昆虫就有这样的本领，这得益于它们的眼睛。

单眼的作用

昆虫的单眼一般看不到东西，只能辨别光线的强弱和距离的远近。单眼，顾名思义，就是只有单独一个小眼面的眼睛。

▲ 能够看到紫外线，可以让昆虫更容易发现天敌，及时逃跑

单眼也分类

很多昆虫的成虫都具有长在头部的单眼，称为背单眼；而有些幼虫单眼则长在头部侧面，称为侧单眼。昆虫幼虫的单眼数目和形态，会因为昆虫种类的差异而有所不同。

重要的复眼

复眼是昆虫最主要的视觉器官，它往往占据头部正面的大部分，左右各一个，或相连，或分离。多数昆虫的复眼呈圆形、卵圆形类似蚕豆。

▲ 蜻蜓的眼睛

小知识

昆虫的小眼的角膜晶体类似于凸透镜的集光装置，能形成影像。

复眼的组成

昆虫的复眼由若干个小眼面组成，每一个小眼的构造都和单眼相似，通常是紧密排列的，小眼间常因排列得太紧而呈六角形。复眼越大，小眼数目越多，昆虫的视觉就越发达。

小眼数量也不同

不同的昆虫复眼中的小眼数量也会有比较大的差异，最少的可能只有一个小眼，最多的则有数万个小眼。例如有一种蚂蚁中的工蚁只有一个小眼，而蜻蜓的小眼则有很多。

▼ 蜻蜓的小眼非常多，有约 28000 个小眼

71

chì bǎng
翅膀

昆虫是地球上最早的飞行员，翅膀是它们飞行的重要工具。大多数的昆虫都有两对翅膀，每种昆虫的翅膀在外观和形态上也各有不同。不过，也有些昆虫只有一对翅膀，或者翅膀已经退化。

chì bǎng de yóu lái
翅膀的由来

很早以前，昆虫并没有翅膀。在后来长期的演变过程中，它们的翅膀才逐渐形成。昆虫的翅膀是由它们胸部背板的两侧部分向外扩展，形成侧背叶，最后才慢慢演化成翅膀的。

▲ chì bǎng shǐ kūn chóng jìn huà de gèng gāo jí
翅膀使昆虫进化得更高级

chì bǎng de zuò yòng
翅膀的作用

小知识

雄蚧虫的后翅退化，并演变成一对平衡棒，维持身体平衡。

有了翅膀，昆虫可以适应更多的环境，也有了更广阔的生活空间。借助于飞行，昆虫能够在更加宽广的天地里迁徙、求偶、觅食以及躲避敌害。

翅脉的异同

昆虫翅膀的形状很像一个三角形，有3条边和3个角。一般用来飞行的翅都是昆虫的膜翅，上面有纵横交错的翅脉。有些昆虫的翅脉比较细密，如蜻蜓、草蛉等；有的翅脉则比较少。

▲ 蝴蝶的翅膀好看还能防雨

变异的翅膀

昆虫的翅膀通常有前翅和后翅之分，不少昆虫因为特殊的生存环境，前翅或后翅会发生变异。

昆虫的翅膀主要用来飞行，但变异的翅膀则各有妙用：有的起保护作用，有的成为感觉器官。

翅关节的妙用

大多数昆虫都能远距离飞翔，它们有的还能像鸟一样，上下拍动翅膀，倾斜转动。降落后，有的昆虫翅膀还能向后折叠起来，放在背上。这都是昆虫翅膀根部那些小小的翅关节起的作用。

fā shēng qì guān
发声器官

昆虫有声音吗？当然有啦，不然我们怎么会听到蟋蟀唱歌，会厌烦蝉叫得很吵人呢？昆虫也有自己的发声器官，而且各有不同，发出的声音还是它们交流沟通的重要方式之一。

声音的作用

在庞大的昆虫家族里，声音是昆虫进行"信息联系"的有效方式之一，具有寻找伴侣、召唤同伴、警报危险等作用，有时还能用来吓唬敌人。

飞行也出声

蚊子在飞行时会发出嗡嗡的声音，这是蚊子的发声器官发出的声音吗？答案是否定的。

蚊子在飞行中发出的嗡嗡声是由它的翅膀振动产生的。飞行时，蚊子的翅膀有时会一秒钟内振动上千次，于是就有了烦人的嗡嗡声。

出色的"演奏家"

蟋蟀的"歌声"不是从嘴里发出来的，而是靠摩擦前翅产生的，所以称它为"演奏家"更贴切。

凭声音识昆虫

不同昆虫振动翅膀的次数不同，发出的声音也不一样，种类相同的昆虫振动翅膀所发出的声音几乎都一样。科学家根据这个道理，通过昆虫振动翅膀发出的声音就能分辨昆虫的种类。

小知识
蝶类飞行时翅膀振动的次数在每秒7.5~13次，几乎听不到声音。

天蛾"吹口哨"

昆虫中既有蟋蟀那样的"演奏家"，也有蚊子那样的"噪音器"，不过它们发声都不是从嘴里，但也有些昆虫能用"嘴"发声，比如天蛾。天蛾利用进入口中的气流，发出"口哨"声。

kūn chóng de "tuǐ"
昆虫的 "腿"

昆虫的6条腿是它们的标志之一，腿多了跑得快，小小的昆虫看起来好像就是这样，但事实果真如此吗？其实昆虫跑不快，主要是因为它们身躯太小的缘故。

tuǐ de jié gòu
腿的结构

昆虫的腿由5个部分组成，由能活动的关节和发达的肌肉相互连接。最靠近胸部的第1节短而粗，能支撑整个腿的活动；第2节能调整方向；第3节非常有力；第4节生有刺，能收缩自如；第5节上面有爪。

kūn chóng de "zhuǎ"
昆虫的 "爪"

有些昆虫的爪之间有能分泌黏液的弹性爪垫，爪和爪垫能使昆虫轻易扒附在光滑的物体上。有些昆虫的爪垫上还有感觉器官，通过接触物体产生感觉，决定它如何活动。

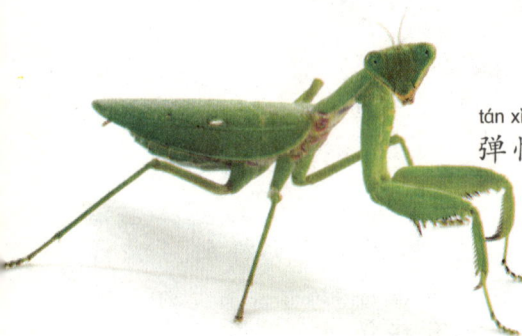

▲ 有的昆虫腿上长有 "锯齿"

蜜蜂的"花粉篮"

蜜蜂的后腿又宽又扁，上面有抱成一团的长毛，能专门用来携带花粉，被称作"花粉蓝"。蜜蜂其他腿上也带着很多细毛，这样的腿叫携粉腿。

蝼蛄的"铲子"

蝼蛄有着又粗又壮的前腿，上面还有几个大齿，如同专门用来挖土的铲子，人们称它的这种腿叫"开掘腿"。因为蝼蛄要在土里生活，挖筑隧道，偷吃庄稼的根、茎，它的开掘腿就帮了它很大的忙。

小知识

昆虫腿的功能多种多样，除了快速行走，还能跳跃，比如蝗虫等。

"之"字形路线

昆虫能利用一侧的一条腿和另一侧的两条腿组成一个"三角形支架"，来保证走路的时候不会摔倒。因为昆虫走路会同时把六条腿组成前后两个"支架"，轮流着地，所以它们不走直线，而是"之"字形路线。

kūn chóng de cháng xū
昆虫的长须

昆虫触角、尾须等都是它们身上的长须，如果观察过昆虫，你会发现不少昆虫的长须往往要比它们的身体长出很多。触角是昆虫重要的感觉器官，而尾须则肩负着感觉和保护自己的任务。

líng mǐn de chù jiǎo
灵敏的触角

昆虫的触角上有很多感受器和嗅觉器，非常灵敏，不仅能感触物体、感觉气流，还能嗅到各种气味，有的还具有听觉作用，能帮助昆虫进行"通讯联系"、寻觅伴侣等活动。

chù jiǎo wén qì wèi
触角"闻"气味

花朵盛开的地方，总会有蜜蜂、蝴蝶闻到花香，翩翩起舞于花丛之间。苍蝇闻到食物的香味或臭味，也会大群地飞来。昆虫能有分辨气味的本领，全靠触角了。

蠼螋的尾铗
qú sōu de wěi jiá

昆虫的尾须是由它们腹部的附肢演化而来的，有的昆虫尾须比较柔软，有的尾须则比较硬，称为尾铗，比如蠼螋。

▶ 蠼螋的尾铗像镰刀

昆虫的尾须
kūnchóng de wěi xū

不是所有的昆虫都有尾须，尾须通常只存在于一些比较低等的昆虫身上，比如蜻蜓等。不同的昆虫尾须也不尽相同，蝗虫的尾须好像长刺，不分节；蜉蝣在一对尾须中间还有一条中尾丝。

"断尾"之术
duàn wěi zhī shù

衣鱼有3条比它自己的身体还要长的尾须。当衣鱼趴着不动时，它会不停地摆动尾须的末端，目的是为了把蜘蛛等天敌的注意力吸引到尾稍上来。一旦尾巴被抓住，衣鱼有分节的尾毛会断掉，从而借机逃命。

小知识

衣鱼的尾须上有密集的短毛，能防止衣鱼在墙上趴着时滑下来。

kūn chóng jiān jiǎo
昆虫尖角

我们熟悉的很多哺乳动物头上会有坚硬的犄角，比如水牛、鹿、羊等动物，这些哺乳动物的犄角可不仅仅是好看的装饰物，还能用来进攻和防御敌人。你知道吗？小小的昆虫也有角。

奇特的独角仙

有一种昆虫叫独角仙，它的头上长着一支独角。独角仙体型较大，而且身披硬甲，再加上独一无二的角，就成了昆虫中的"犀牛"。

小知识

独角仙的雄虫有威武的"犄角"，雌虫则完全没有角。

不同的角

兽类头上的犄角是从它们的头骨上长出来的，而昆虫中的角蝉，它们头上的角则是由前胸背板形成的。角蝉的种类不同，角的式样也不同。中华高冠角蝉的角如同戴了一顶高高的帽子；三刺角蝉的角则如同尖刺。

独角仙

"帽子"也有用

gāoguān jiǎo chán tóu shang de jiǎo hěn róng yì ràng rén wù yǐ wéi shì
高冠角蟾头上的角,很容易让人误以为是

yī duàn kū shù zhī tè bié shì dāng jǐ zhī huò zhě gèng duō de jiǎo chán tóng
一段枯树枝。特别是当几只或者更多的角蝉同

shí tíng xiē zài yī gēn shù zhī shang tā men kàn shàng qù jiù rú tóng zhēn
时停歇在一根树枝上,它们看上去就如同真

zhèng de xiǎo shù chà yī yàng kě yǐ jiǎ luàn zhēn
正的小树杈一样,可以假乱真。

角也能当铲子

kūn chóng de jiǎo bìng bù jǐn jǐn shì yòng lái zhēng dòu de bǐ rú shǐ ke làng jiù cháng cháng yòng tā
昆虫的角并不仅仅是用来争斗的,比如屎壳郎就常常用它

men chǎn zhuàng de jiǎo lái gǔn fèn qiú yī lái kě yǐ zhù cún shí wù èr lái kě yǐ fǔ yù bǎo
们铲状的角来滚粪球,一来可以贮存食物,二来可以抚育"宝

bǎo rú guǒ nǐ zài mù qū huò zhě xiāng cūn xiǎo lù shang fā xiàn gǔn dòng zhe de fèn qiú bú yào jīng
宝"。如果你在牧区或者乡村小路上发现滚动着的粪球,不要惊

yà nà shì shǐ ke làng zài bān yùn liáng shí
讶,那是屎壳郎在搬运"粮食"。

好斗的楸甲

qiū jiǎ de jiǎo shí jì shang shì tā zēng dà biàn cháng de shàng è qiū jiǎ
楸甲的角实际上是它增大变长的上颚。楸甲

de xióng chóng rè zhōng yú zhēng dòu xiàng dòng wù zhōng de dà duō shù xióng xìng yī
的雄虫热衷于争斗,像动物中的大多数雄性一

yàng tā men yě cháng wèi lǐng dì cí xìng ér zhēng dòu yīn wèi
样,它们也常为领地、雌性而争斗。因为

qiū jiǎ de xiōng bù xiǎo fù bù dà xiōng fù xiāng jiē chù bǐ jiào
楸甲的胸部小、腹部大,胸腹相接处比较

xì bié de duì shǒu cháng cháng huì chǒu zhǔn zhè lǐ xià kǒu
细,别的对手常常会瞅准这里下"口"。

内部器官
nèi bù qì guān

昆虫的内部器官主要指它们的消化器官，由于昆虫的口器和食性不同，它们的消化器官也会随之演变成不同的类型。只有各器官之间完整配合，才能形成一个完整的昆虫生命体。

神经网络
shénjīngwǎngluò

昆虫的神经系统如同一个四通八达的道路网，连接起昆虫身体表面和它们体内各种各样的感受器和反应器。昆虫的视觉、听觉、味觉以及各种生活习性，都由神经系统控制。

▲ 龙虱适应水生环境，后足扁而长，有细毛，利于漂浮和游泳，腹背鞘翅顶端下方有气门，便于呼吸

动作的形成
dòngzuò de xíngchéng

有些昆虫腿上的爪有感觉器官，当爪接触到外界的物体，会刺激连接到爪上的神经，神经再将这种刺激信息传递到腿等部位，使肌肉产生反应，昆虫就会做出跑、跳等动作。

呼吸器官
hū xī qì guān

kūn chóng hé rén yī yàng yě yào jìn xíng hū xī yǒu de kūn
昆虫和人一样，也要进行呼吸。有的昆

chóng huì tōng guò qì guǎn jìn xíng hū xī yǒu de yīn wèi qì guǎn bù wán
虫会通过气管进行呼吸，有的因为气管不完

shàn suǒ yǐ yào tōng guò shēn tǐ shang de qì kǒng lái jìn xíng hū xī
善，所以要通过身体上的气孔来进行呼吸。

小知识

lǜ shì néng guò lǜ
"滤室"能过滤
yíng yǎng wù zhì jù yǒu lǜ
营养物质，具有"滤
shì de kūn chóng pái xiè yè
室"的昆虫排泄液
tǐ fèn biàn
体粪便。

龙虱换气
lóng shī huàn qì

lóng shī shēng huó zài shuǐ lǐ tā jiù shì yòng qì pào huò qì mó lái hū xī de lóng shī fù bù
龙虱生活在水里，它就是用气泡或气膜来呼吸的。龙虱腹部

biǎo miàn yǒu yī céng zhí lì qǐ lái de xì máo dāng tā qián rù shuǐ lǐ shí zhè céng xì máo néng xié dài
表面有一层直立起来的细毛，当它潜入水里时，这层细毛能携带

qì pào zhè yàng lóng shī jiù néng zài shuǐ lǐ shēng huó shù xiǎo shí rán hòu zài dào shuǐ miàn shang lái huàn qì
气泡，这样龙虱就能在水里生活数小时，然后再到水面上来换气。

bái yǐ yǐ hòu shì
▶ 白蚁蚁后是
zhěng gè yǐ qún zhōng wéi yī
整个蚁群中唯一
néng gòu fán zhí hòu dài de
能够繁殖后代的
gè tǐ tā féi shuò de shēn
个体，它肥硕的身
qū zhōng bù mǎn le yǐ
躯中布满了蚁
luǎn dǎo zhì tā de tǐ xíng
卵，导致它的体形
yì cháng páng dà
异常庞大

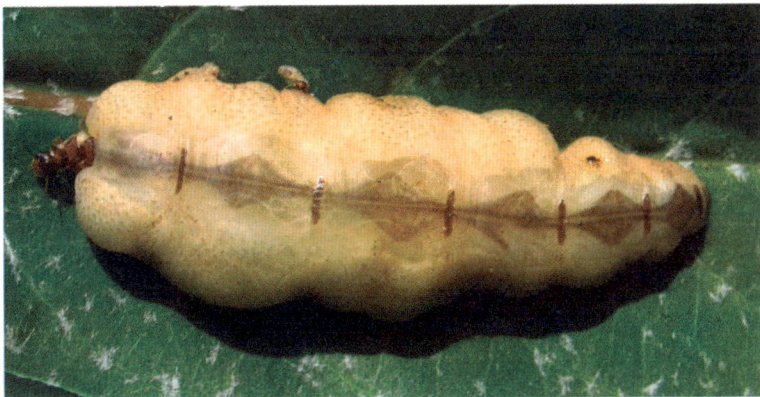

消化器官
xiāo huà qì guān

kūn chóng de xiāo huà dào shì yī tiáo bù duì chèn de guǎn zhuàng qì guān qián duān yǔ kǒu xiāng tōng
昆虫的消化道是一条不对称的管状器官，前端与口相通，

hòu duān yǐ gāng mén wéi zhǐ kūn chóng de xiāo huà dào fēn wéi qián cháng zhōng cháng hé hòu cháng sān bù fēn
后端以肛门为止。昆虫的消化道分为前肠、中肠和后肠三部分，

zhōng cháng yòu fēn huà chū wèi lǜ shì děng lái xiāo huà hé xī shōu yíng yǎng wù zhì
中肠又分化出胃、"滤室"等，来消化和吸收营养物质。

xì máo
细毛

许多昆虫的身上都长有细毛，不同的昆虫身上细毛的数量、位置和作用也各不相同。这些细毛有的空心、有的实心、有的比人的头发还要细，它们对昆虫有什么作用呢？

精妙的"机器"

昆虫身上的细毛上布满了感觉器官，这些感觉器官又与头部简单的神经相联系，组成一部奇妙的"机器"。这部"机器"能像计算机那样，接连不断地处理来自外界的信息。

不起眼的细毛

苍蝇的"皮肤"上也长有多种细毛，在它们停留或在空中

飞行时，这些感觉毛既能"品尝"脚下佳肴的滋味，又能对苍蝇周围的温变、湿度和气流作出及时的反应。这是为什么苍蝇总是很警觉的原因。

苍蝇的秘密
cāng yíng de mì mì

苍蝇的触角上有许多灵敏的嗅觉细毛组成了嗅觉感受器，每个感受器有一个小孔，里面有成百个神经细胞，神经细胞能灵敏地对空气中的气味作出反应，所以苍蝇能闻到很远地方的气味。

▲ 苍蝇身上的细毛还能察觉周围气流的变化

小知识

有些昆虫的毒毛长满了倒钩，刺进皮肤后，越抓，毒毛就越往里钻。

细毛也伤人
xì máo yě shāng rén

有些昆虫身上的细毛还会有毒。一些毒蛾的幼虫身上就长满了毒毛，这一根根的毒毛如同空心的管子，里面装有毒液。而毒毛露出来的顶部如同针尖，能扎入人和动物的皮肤。

蚂蚁的识别"工具"
mǎ yǐ de shí bié gōng jù

小小的蚂蚁却能建造"房子"、切割树叶、寻找食物，这些都要归功于它们触角上的细毛。触角上这些毫不起眼的细毛忠实地履行自己的责任，帮助蚂蚁识别气味。

dú yè
毒液

昆虫因为身体小、力量小，很难保护自己，所以大自然就给了它们一些特殊的本领，比如一些昆虫会用毒液来御敌。在昆虫家族里，天生懂得用毒液来防身或保护族群安全的昆虫数不胜数。

shāng hài zhí wù
伤害植物

许多蛾类的幼虫身上都长着许多小细毛，这些细毛与幼虫体内的毒腺相连。它们会危害植物、果树的叶片、幼果等，并且还会传播一些植物病毒。

yòng lái zì wèi
用来自卫

毒蛾的毒素不仅危害植物，也常常用来自卫。有的动物想捕食这些蛾类，一旦吃过一次"美味"，就再不敢碰这些昆虫。

kě pà de dú yè
可怕的毒液

披甲树蚤性情凶猛，当它遇到敌人后，会露出自己的牙齿，并发出刺耳的鸣叫声，以此来吓退捕食者。如果敌人不吃这一套，它就会立刻喷射出毒液，吓跑敌人。

小知识

披甲树蚤体型硕大，不能飞，体色多样，而且全身带刺。

yǐn chì chóng
▲ 隐翅虫

wēi xiǎn de yǐn chì chóng
危险的隐翅虫

隐翅虫又叫"影子虫"。有一种生活在水稻田里的隐翅虫，体液中含有刺激性毒素，一般情况下，不会故意咬人。但是，当它被打死，毒液会流出来，皮肤沾上后会引起溃烂。

bān máo de dú yè
斑蝥的毒液

斑蝥体内的生殖器官、血液和内脏，以及腿节末端都能分泌毒液。这种毒液在它们进行产卵生殖、预防天敌时都有帮助。虽然斑蝥是一种有毒昆虫，但也作为药材来使用。

chòu qì xūn tiān
臭气熏天

有毒液的昆虫可谓"以毒制胜"，没有毒液的动物虽然对对手的威胁性降低了一些，但它们同样有着自己独特的防御本领，比如放屁虫就能以难闻的臭气熏走敌人，然后逃之夭夭。

爱放屁的"臭大姐"

蝽，俗称"臭大姐"，是一类"臭名昭著"的昆虫。蝽喜欢"放屁"，只要你用手轻轻碰一下它，就会沾上臭气，而且任你怎么洗都洗不掉。

> **小知识**
>
> 当凤蝶幼虫受到侵犯时，臭角会马上从体内翻出，并发出臭味。

"臭屁"也能吓敌

"臭大姐"的身上有一种特殊的臭腺，当它受到惊扰时，体内的臭腺就会释放出一种叫臭虫酸的物质。臭虫酸从臭腺孔排出后，会弥漫到空气中，使四周臭不可闻。不过，蝽的"臭气弹"不是进攻性武器，而只用来防御。

幼虫的"臭角"

昆虫身上的臭味"各有特色",释放臭味的部位也因昆虫的种类不同而有所区别。并不是所有昆虫的臭腺都长在背部或腹部,有一种凤蝶,它的幼虫头部的后方就藏着一对"臭角"。

臭虫的臭气

臭虫幼虫的腹部背面或成虫的胸部腹面,有一对半月形的臭腺,能分泌一种有特殊臭味的物质。这种臭液有防御天敌和促进交配的作用,凡是臭虫爬过的地方,都会臭气弥漫。

臭气远扬的葬甲

葬甲经常齐心协力把小动物的尸体埋入土中,然后雌虫会在动物尸体上产卵,不久,幼虫孵化出来后就能以动物尸体为食,迅速成长起来。因为葬甲是吃动物尸体长大的,所以它们放出的屁更是臭气熏天。

▲ 葬甲虫

jiǎ ké
甲壳

昆虫的甲壳可以说是它们的第一道"保护伞"，因为甲壳往往具有防水、防敌和警戒等多重作用。不仅如此，甲壳还是我们最直接、最快速地识别昆虫的重要依据，你会"以貌取虫"吗？

坚硬的盔甲

昆虫的甲壳就是它们身上包裹的那层已经硬化的外骨骼。甲壳坚硬、严密，有弹性，同时又具有防水、防御和支撑身体的功能，如同一个厚厚的盔甲，保护着里面柔软的身体和重要的内脏器官。

灵活的身体

昆虫的身体是分成一节一节的，每两节之间由柔软、能伸缩的膜相连。这样的情况下，即便是身上穿了甲壳这样一层又厚又硬的盔甲，昆虫也照样可以自由活动身体。

kuī jiǎ yě huì zhǎng dà
盔甲也会"长大"

bù tóng de kūn chóng tā men de jiǎ ké yě huì yǒu suǒ bù tóng
不同的昆虫，它们的甲壳也会有所不同。

lìng rén chēng qí de shì kūn chóng de jiǎ ké wú lùn cóng jié gòu yán
令人称奇的是，昆虫的甲壳无论从结构、颜

sè huò zhě shì wén lǐ dōu bù xiāng tóng ér qiě suí zhe kūn chóng chóng
色或者是纹理，都不相同，而且随着昆虫"虫

líng de zēng zhǎng tā men de zhè céng fáng hù yī yě huì suí zhe biàn huà
龄"的增长，它们的这层防护衣也会随着变化。

小知识
jiǎ ké jì shì kūn
甲壳既是昆
chóng de pí fū yòu shì gǔ
虫的皮肤，又是骨
gē zhè néng bāng zhù kūn chóng
胳，这能帮助昆虫
gèng hǎo de shēng cún
更好地生存。

jiǎ ké de yán sè
甲壳的颜色

kē xué jiā men fā xiàn kūn chóng de kuī
科学家们发现，昆虫的盔

jiǎ shì yǐ hēi sè wéi zhǔ de tóng shí yòu huì
甲是以黑色为主的，同时又会

yǒu qí tā de yán sè yǔ hēi sè xíng chéng hùn
有其他的颜色与黑色形成"混

dā yú shì jiù xíng chéng le kūn chóng huā huā
搭"，于是就形成了昆虫花花

lǜ lǜ de wài yī
绿绿的外衣。

jiǎ ké biàn sè
甲壳变色

rén huì huàn yī fu kūn chóng de kuī jiǎ yě bù shì yī zhí yī gè yàng er yīn wèi zhè céng kuī
人会换衣服，昆虫的盔甲也不是一直一个样儿，因为这层盔

jiǎ shang de bān wén hé yán sè yě huì suí jì jié hé huánjìng de biàn
甲上的斑纹和颜色也会随季节和环境的变

huà ér biàn huà rú xià tiān shēng huó zài běi fāng de chán tā men
化而变化。如夏天生活在北方的蝉，它们

de fū sè hé shù gàn de yán sè huì yī zhì huáng chóng zài mǒu
的肤色和树干的颜色会一致；蝗虫在某

gè shí qī kuī jiǎ huì biàn hēi
个时期，盔甲会变黑。

91

保护色

bǎo hù sè

小个头的昆虫是动物界的"弱势群体",它们似乎随时随地都可能面临危险,为了保护自己,小昆虫们练就了一身特殊的本领。它们能利用身体特殊的颜色进行伪装,从而骗过敌人。

神奇的伪装术

昆虫有着神奇的伪装术,它们凭本能总能找到和自己"外衣"最相似的隐藏环境。如栖居于草地上的绿色蚱蜢,它的身体颜色就和草叶相似。

▲ 蚱蜢的身体和绿色的枝条融为一体

菜粉蝶的蛹

菜粉蝶的蛹会因为所处的自然环境不同而随之改变身体的颜色,比如在甘蓝叶子上的菜粉蝶蛹通常是绿色或黄绿色,而在篱笆或者土墙上的蛹则多为褐色。

小知识

竹节虫在飞
行时采取的"闪色
法"，许多昆虫逃
跑时也会用。

▲ 竹节虫趴在树枝
上不动时，很难被发现

竹节虫的伪装

竹节虫经常在夜间活动，白天它们则表现得非常安静。当它被迫爬动时，才能被察觉。不过，一旦竹节虫受到侵犯飞起时，也会用突然闪动的彩光来迷惑敌人。

"飞行的花朵"

花丛中翩翩起舞的蝴蝶常常被赞为"飞行的花朵"，当它轻轻停落在花草上时，常会被误认为是一朵漂亮的花儿。蝴蝶的天敌也常有这样的误会，这都是蝴蝶五颜六色的翅膀起的保护作用。

93

拟态

昆虫界的伪装高手个个身怀绝技，如果让它们在一起一决高下，恐怕还真难以分出个胜负高低。除了保护色，不少昆虫还具有一种叫拟态的本领，这让它们的伪装术更是如虎添翼。

拟态就是模仿

拟态是昆虫来模仿别的动物或者植物的形态，以假乱真、迷惑敌人，从而保护自己的一种伪装技术。昆虫的拟态可以模仿别的动物的颜色、气味，甚至声音。

螳螂的本领

有一种螳螂，在比较小的时候与木工蚁的"身高"差不多，于是它就模仿木工蚁，这常让木工蚁把它当做自己的"家人"一样来照顾。当这种螳螂再长大些，变高变胖了，它又会把自己装扮成胡蜂的模样。

像树枝的尺蠖
xiàngshù zhī de chǐ huò

尺蠖是鳞翅目的一种蛾类，它的幼虫
chǐ huò shì lín chì mù de yī zhǒng é lèi tā de yòuchóng

身体细长，并长有5对腹足，在静止时能
shēn tǐ xì cháng bìngzhǎngyǒu duì fù zú zài jìng zhǐ shí néng

靠后腿抓住树枝。尺蠖幼虫的体色与枝干
kào hòu tuǐ zhuāzhù shù zhī chǐ huò yòuchóng de tǐ sè yǔ zhī gàn

的颜色相似，它行动时一屈一伸像
de yán sè xiāng sì tā xíngdòng shí yī qū yī shēnxiàng

个拱桥，休息时则身体斜向伸直，
gè gǒngqiáo xiū xi shí zé shēn tǐ xié xiàngshēn zhí

如同一根小树杈。
rú tóng yī gēn xiǎo shù chà

"会飞的树叶"
huì fēi de shù yè

枯叶蝶是一种拟态本领高超的小
kū yè dié shì yī zhǒng nǐ tài běn lǐng gāochāo de xiǎo

动物，它全身呈古铜色，色泽和形态
dòng wù tā quánshēnchéng gǔ tóng sè sè zé hé xíng tài

酷似一片枯叶。它翅膀上的翅脉好似
kù sì yī piàn kū yè tā chì bǎngshang de chì mài hǎo sì

树叶的纹理，就
shù yè de wén lǐ jiù

连枯叶上的霉
lián kū yè shang de méi

斑也能模仿得
bān yě néng mó fǎng de

惟妙惟肖。当枯
wéi miào wéi xiào dāng kū

叶蝶停在树上时，
yè dié tíng zài shù shang shí

很难将它与枯叶区分。
hěn nánjiāng tā yǔ kū yè qū fēn

> **小知识**
>
> 尺蠖成虫有
> chǐ huò chéng chóng yǒu
>
> 着大大的翅膀，身
> zhe dà dà de chì bǎng shēn
>
> 上长有短毛，称
> shangzhǎng yǒu duǎnmáo chēng
>
> 为"尺蛾"。
> wéi chǐ é

警戒色
jǐng jiè sè

动物界有不少身有剧毒，同时有着鲜艳体色的动物，这些鲜艳的体色能起到一种威慑和警告的作用，在昆虫家族里，也有一些带毒的昆虫具有这样的靓丽"外衣"。

猫头鹰蝴蝶
māo tóu yīng hú dié

猫头鹰蝴蝶的翅膀上长有类似猫头鹰眼睛的大斑点，当蝴蝶静止时，这些酷似眼睛的斑点会隐藏起来，不过一旦受到惊扰，就会突然暴露出来，结果常常会吓跑那些胆小的小鸟。

蝗虫的"外衣"
huáng chóng de wài yī

有一种蝗虫经常吃带毒的植物，所以身体也带毒。这种蝗虫胖乎乎的身体上穿着黄黑相间的条状斑纹的"外衣"，它们就是用这种肤色警告鸟类和其他动物的。

小虫子的警告
xiǎochóng zi de jǐng gào

鞍背刺蛾的幼虫长相很不好看，而且身体上布满了许多有毒的刺，同时，这些小虫子的背上还有着十分鲜亮的体色。那些聪明的捕食者往往在看到它的漂亮外衣时，就会远远躲开。

漂亮的鹿蛾
piàoliang de lù é

鹿蛾的体色非常艳丽，十分像斑蛾或黄蜂的皮肤，有的还是红、黄、黑三色相间，并且鹿蛾的味道越不好，肤色越显眼。它们通过这些明亮的色彩警告捕食者："最好离我远点！"

橘黄色的盾蝽
jú huáng sè de dùnchūn

盾蝽的胸部覆盖着一层坚硬的盾形壳，有些盾蝽的"盾"是绿色的，是一种保护色，但是橘黄色盾蝽亮丽的颜色却是一种警戒色。

古怪的行为

在奇妙的昆虫世界，每一个成员都有着各自独特的本领。当它们争相显露自己的本领时，也给我们的生活增添了许多乐趣。但对于昆虫来说，它们所拥有的"独门绝技"或者非常手段，只有一个目的，那就是生存和繁衍后代。看似宁静的昆虫世界并不和平，为了争夺食物、争取配偶、防御外敌等，它们也会自相残杀，也会为寻找食物而不惜举家迁徙。

趋光和避光
qū guāng hé bì guāng

夜间，飞蛾扑火是昆虫趋光性的表现，但有些昆虫却喜欢白天躲到暗处，晚上出去采食，这是昆虫的避光性。无论是趋光还是避光，都与昆虫自身的食性和身体结构有关。

柳毒蛾的幼虫
liǔ dú é de yòuchóng

柳毒蛾是一种专门危害杨树、柳树的昆虫。它的幼虫大都在夜里爬上枝头取食树叶，一遇到灯光，它们会立刻停止取食并逃离。

土壤里的居住者
tǔ rǎng lǐ de jū zhù zhě

一些昆虫会把自己的卵产在土壤中，它们的幼虫在成长到成虫的这段时间里就会一直生活在黑暗的土壤中，直到破蛹成虫。还有些昆虫喜欢终生只待在土壤里。

害怕光线
hài pà guāngxiàn

生活在土壤中的昆虫因为害怕光线，而且大多数种类的活动与迁移能力都比较差，白天很少到地面活动，晚上和阴雨天才出来活动，比如蝼蛄、地老虎、蝉等的幼虫。

小知识

生活在土壤中的昆虫常以啃食植物根茎为生，对果树危害很大。

发光的萤火虫
fā guāng de yíng huǒ chóng

具有避光性的昆虫往往会选择在夜晚外出觅食和活动，比如萤火虫。漆黑的夜色里，萤火虫会通过发出的亮光来寻找配偶，雄虫就是借助尾部的光亮向雌虫求爱的。

蜜蜂的"时钟"
mì fēng de shí zhōng

蜜蜂主要在白天活动，当它们外出采蜜时，经常会根据太阳的位置来辨认时间。因为不同的花儿开放的时间不一样，因此要想采到最好的花蜜，借助太阳位置来识别时间的本领就帮了小蜜蜂的大忙。

求偶仪式
qiú ǒu yí shì

恋爱、结婚和生育后代是人类所要经历的人生过程，昆虫的世界里也是这样，它们也要通过求偶和交配来完成繁衍后代的任务。对于一些昆虫来说，"恋爱"和"婚姻"并不都很幸福，甚至可能危机重重。

无花果小黄蜂
wú huā guǒ xiǎohuángfēng

有一种与无花果树关系非常密切的小黄蜂叫无花果小黄蜂，这种小虫子经常将自己的卵产在无花果空心花托内的花朵中。

这种小黄蜂的雌虫长有翅膀，能飞，而雄虫则没有翅膀。

▲ 无花果上的两只雄性无花果小黄蜂（左）和两只雌性无花果小黄蜂（右）

▲ 交配完的雌性无花果小黄蜂把卵产在无花果内

执著的"追求者"
zhí zhuó de   zhuī qiú zhě

孔雀蛾一生 中唯一的
kǒngquè é yī shēngzhōngwéi yī de

目的就是找配偶，为了这一目标，
mù dì jiù shì zhǎo pèi ǒu wèi le zhè yī mù biāo

不管路途多么远，路上怎样黑暗，
bù guǎn lù tú duō me yuǎn lù shangzěnyànghēi àn

途中有多少障碍，花多少时间，
tú zhōngyǒu duōshǎozhàng ài huā duōshǎo shí jiān

它总会很执著地寻找自己的对象。
tā zǒng huì hěn zhí zhuó de xúnzhǎo zì jǐ de duìxiàng

"求婚"的礼物
qiú hūn   de lǐ wù

蝎蝇雄 虫在向雌 虫求婚时，   需要带上
xiē yíngxióngchóng zài xiàng cí chóng qiú hūn shí xū yào dài shàng

一份"礼物"，这份礼物是雄蝇从自己嘴里滴
yī fèn lǐ wù zhè fèn lǐ wù shì xióngyíngcóng zì jǐ zuǐ lǐ dī

下的一种富含营养物质的唾液。当贪吃的雌
xià de yī zhǒng fù hán yíngyǎng wù zhì de tuò yè dāngtān chī de cí

虫享受礼物时，也意味着答应了"求婚"。
chóngxiǎngshòu lǐ wù shí yě yì wèi zhe dā ying le qiú hūn

雄 蜂 的 命运
xióngfēng de mìngyùn

在蜜蜂王国里，雄蜂的主要职责就是与雌性的蜂王进行交配，
zài mì fēngwángguó lǐ xióngfēng de zhǔ yào zhí zé jiù shì yǔ cí xìng de fēngwáng jìn xíng jiāo pèi

以完成繁衍后代的责任。虽然雄蜂整日养尊处优，然而一旦完
yǐ wánchéng fán yǎn hòu dài de zé rèn suī rán xióngfēngzhěng rì yǎngzūn chǔ yōu rán ér yī dàn wán

成繁衍后代的重任，等待它
chéngfán yǎn hòu dài de zhòngrèn děngdài tā

们的则是死亡的悲惨命运。
men de zé shì sǐ wáng de bēi cǎnmìngyùn

▶ 雄蝎蝇的求爱之旅就是一个不
xióng xiē yíng de qiú ài zhī lǚ jiù shì yī gè bù

停吐唾液的过 程
tíng tǔ tuò yè de guòchéng

昆虫音乐家
kūn chóng yīn yuè jiā

昆虫界的音乐家，无论是技艺高超的"演奏家"，还是音色优美的"歌唱家"，相信大家都已经不陌生。正是这些在地球上的任何角落里都能看到的小小的昆虫，争先恐后地用自己的歌声表达着自己。

蟋蟀的"乐器"
xī shuài de yuè qì

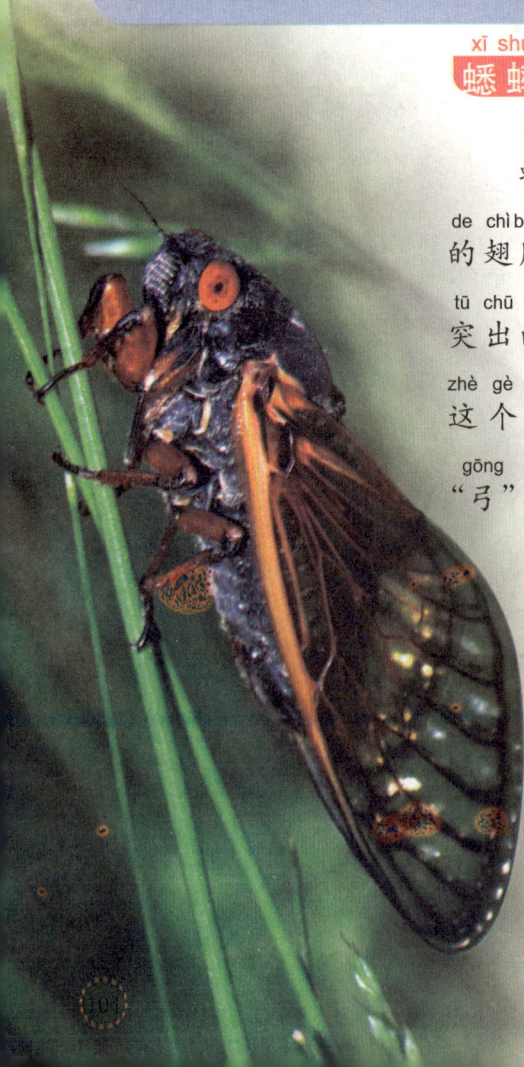

蟋蟀，俗称蛐蛐，它的发声器官是它的翅膀。雄蟋蟀它背上的翅膀下面有一个突出的翅球，翅球上面有锯齿状的突起，这个突起叫做"弓"。蟋蟀用右翅上的"弓"摩擦左翅上的细脉，就能发出鸣声。

夏日里的"歌手"
xià rì lǐ de gē shǒu

炎热的夏天里，蝉鸣声常会响彻天空。因为蝉仅有两三周的歌唱生涯，所以要尽情歌唱。而求偶时，雄蝉还会唱动听的"情歌"。

蝗虫的"轰鸣"

大部分昆虫会发出柔和动听的鸣叫声，招引雌虫婚配。如蝗虫长着梳子一样的锉和刮器，通过摩擦便能发出深沉的声音。但当蝗虫聚集结群飞行时，则会发出呼啸般的轰鸣，令人不寒而栗。

小知识

每到繁殖期，雄性蟋蟀会更加卖力地振动翅膀，用歌声寻找佳偶。

善鸣的蝈蝈

蝈蝈是一类叫螽斯的昆虫的俗名。我们自古以来就有养蝈蝈娱乐的习俗，主要是因为蝈蝈叫声响亮。一般来说，端午节后蝈蝈的鸣叫声低弱，立秋后10天左右叫声洪亮，晚秋后的蝈蝈叫声柔弱。

kūn chóng de wǔ dǎo
昆虫的舞蹈

蜜蜂是昆虫界出名的"舞蹈家"，它们有着自己独特而神奇的舞蹈方式，跳舞还是它们生活的重要内容之一。蝴蝶是昆虫界美丽的"舞者"，翩翩的舞姿为它们赢得了很多赞誉。

侦察蜂的"圆圈舞"

在蜜蜂王国中，大批工蜂出巢采蜜前会先派出"侦察蜂"去寻找蜜源。侦察蜂找到距蜂箱100米以内的蜜源时，即回巢报信。除留有追踪信息外，它还在蜂巢里交替性地向左或向右转着小圆圈，这是它们的"圆圈舞"。

"摆尾舞"

如果蜜源在距蜂箱百米以外，聪明的侦察蜂便会改变舞姿，跳出呈"∞"字形的舞蹈，也叫"摆尾舞"。但是，侦察蜂在黑洞洞的蜂箱里表演的各种舞蹈动作，其他同伙是怎样领会到的呢？

语言的沟通

虽然同伴看不见舞姿，但侦察蜂会利用头上颤抖的触角触碰同伴的身体，这时伙伴们就能明白它的信息了。此外，蜜蜂还用翅膀振动的声音弥补"舞蹈语言"的不足。

"舞蹈"也传情

蝴蝶经常用"舞蹈语言"来表达彼此之间的情意。当雌、雄蝴蝶从蛹中羽化出来后，会选择阳光明媚的日子，双双飞到林间旷野或百花丛中追逐嬉戏。

"恩爱"的丝带凤蝶

丝带凤蝶的雄蝶体色素雅，白色的翅膀上衬有黑、红花斑；雌蝶体色浓艳绚丽，黑衣褐裙，镶嵌着红色花边。它们经常成双成对流连于花间，用"舞蹈语言"互相倾诉柔情。

装死高手
zhuāng sǐ gāo shǒu

动物界里的昆虫经常成为鸟类和部分兽类的美食，它们是大自然中种类最多、能力最弱的一类。为了自保，昆虫在漫长的考验中也学会了自己的一套自救办法。

乌壳虫"装死"

如果你去过菜田，你会在蔬菜上发现一种带硬壳的小虫子，它叫乌壳虫。当你伸手去捉乌壳虫时，手还没碰到，它就死掉了，并且滚落到菜心里去。当你以为它死了时，其实，这不过是它在"装死"。

"装死"是假象

不只乌壳虫，金龟子、象鼻虫等很多昆虫都有"装死"的"演技"。这种"装死"是昆虫在受到惊扰后，身体蜷缩、静止不动或者从停落处跌落下来，稍作停留，然后恢复正常而离去的一种现象。

▲ 象鼻虫

逼真的"演技"

昆虫对危险的感觉非常灵敏，当"装死"的昆虫感觉危险已经过去，它就会一骨碌爬起来，快速逃跑。一般情况下，昆虫"装死"往往只持续几分钟。但如果遭到反复"攻击"，它甚至能"很有耐性"地装上一个小时。

小知识

"装死"的昆虫受到刺激，如阳光的照射，会很本能地立刻爬起来。

"装死"也要"技术"

昆虫的眼睛和身上的毛能敏锐地感觉到周围光线、气流等的变化。这些变化会刺激它们的神经促使肌肉收缩起来，这样，昆虫的"脚"就再也不能待在叶子上，而落到地上。

露出破绽

"装死"的昆虫脚往往都收得很紧；要是真的死了的话，大多数昆虫的脚都是松开的。因此，用这个方法，可以辨别昆虫是否"装死"。

▲ 粘虫幼虫会通过装死法逃生

kūn chóng jiàn zhù shī
昆虫建筑师

昆虫家族里有不少成员是修建巢穴的"高手"，称得上是动物界里出色的"建筑师"。有些昆虫通常只在自己建造的"家"中生活，比如蚂蚁、蜜蜂等，它们高超的建筑技术令人惊叹不已。

枝头上的蜂巢

缝叶蚁是蚂蚁家族里大名鼎鼎的筑巢"建筑师"，当大多数蚂蚁都在地下挖洞筑巢时，缝叶蚁却把巢筑在高高的枝头上。这种用树叶缝合起来的椭圆形蚁巢，每个有足球般大小，并且高悬在枝头上。

缝叶蚁的"技术"

筑巢前，缝叶蚁中的工蚁会先爬到树上，用嘴咬住一片，用脚抓住另一片，把两片叶子的边接在一起。这时，它们再把吐黏丝的幼蚁从洞中衔出来，然后拿它们当针，用幼虫吐出的丝线就把叶片"缝"在一起了。

胡蜂找材料

每年春天，胡蜂群中的工蜂就飞到各处寻找木质纤维或碎纸屑，然后把材料叼到一个固定地点，咀嚼成纸浆，便开始筑巢。

"空中楼阁"

胡蜂的巢倒挂在树上，里边有雄蜂房、蜂王台和工蜂房，每个蜂巢之间还有过道相连，形成一个完美的"空中楼阁"。

▲ 蜣螂夫妻是昆虫家族共同劳作的榜样

小知识

缝叶蚁主要生活在东南亚和澳大利亚热带森林的边缘地区。

舒适的"产房"

生活在地下的蝼蛄在产卵前夕，往往先会建一个家。它们要在地下挖大肚子酒瓶那样形状的空间，这就是雌蝼蛄为自己准备的"产房"。"产房"整修完以后，还要搬运一些腐烂了的杂草铺到里面，这才是一个安心的家。

▲ 蝼蛄生活在地下，湿土中可钻15~20厘米深

大搬家

昆虫和人类一样，对自己辛辛苦苦建造的"家"十分依恋，一旦住下了，就不愿意再搬迁。但大多数情况，都不能如愿。这时，昆虫就不得不舍弃家园，流离失所，直到筑好新家。

始终在"搬家"

在亚马逊河流域，有一种行军蚁，它们几乎没有固定的住所，被称为蚂蚁群体中的"流浪者"，它们经常一群群"拖家带口"地进行大迁移。

◀ 非洲的行军蚁正在袭击其他蚂蚁的"家"

流浪的行军蚁

行军蚁白天一旦发现食物，会马上吃掉。到晚上，又互相咬在一块，抱成团休息。"流浪"一段时间后，它们会休整2~3周，进行交配、繁殖。休息够了，又再次踏上征程。

蜜蜂护"家"

蜜蜂十分珍惜它们的"家",一旦有外物入侵,会拼命和"敌人"搏斗。但是一旦蜂王死掉,蜜蜂就会弃巢而走,毫不留恋。这是因为蜜蜂属于社会性昆虫,在它们的家族中,蜂王统治一切,没有蜂王,家就乱了。

▲ 蜜蜂的巢房由一个个六角形的房室组成

小知识

蜜蜂的巢房还有调控温度的功能,令人类的建筑师也赞叹不已。

"搬家"的原因

蚂蚁家族成员众多,每搬一次家往往要费很大的时间和精力,为什么它们要搬家呢?有时,是因为蚁巢遭到其他动物的损害,有时是因为预测到未来可能遇到的灾难。

▲ 切叶蚁搬家

集体防御
jí tǐ fáng yù

昆虫是动物界里的"小个头"，当它们一个个单独出来时，可说是势单力薄，但当它们团结在一起时，却能凝聚成一股强大的力量。

集体力量大

在塞浦路斯有一种蜜蜂，当有其他家族的成员误闯到它们的家时，这些蜜蜂会毫不留情地将这个"异族者"挤死。而日本的一种蜜蜂，则能紧紧把敌人围起来捂死。

> **小知识**
>
> 社会性昆虫，如蜜蜂、蚂蚁等，当家族或同伴遭遇危险时，会共同奋战。

蝴蝶也合作

有一些昆虫虽然不是社会性昆虫，但也会出现集体防御的现象，如蝗虫、蝴蝶等。在迁徙的路上，昆虫必然会遇到许多困难，面临被天敌捕食的危险。当遇到这类情况，它们就会合作赶跑捕食者。

可怕的食人蚁
kě pà de shí rén yǐ

有一种食人蚁，因为身体很小，常常一不小心就会被其他动物踩死。但要是一大群蚂蚁在一起，向动物发起进攻，又叮又咬，几个小时后，动物就只剩下一副残骸了。

▲ 蚂蚁是一种有社会性生活习性的昆虫，当它发现食物或遇到危险时会召集同伴

▲ 集体的力量是巨大的，蚂蚁集体可以搬运比自己大得多的东西

保卫家园
bǎo wèi jiā yuán

蜜蜂在花丛中忙忙碌碌采蜜时，各忙各的，互不理睬，其实它们每时每刻都在注意身边以及附近巢穴的环境。如果有人破坏蜂巢，采蜜的蜜蜂接到留在巢穴里的蜜蜂发出的求救信号，就会匆忙返回，保护家园。

zì xiāng cán shā
自相残杀

昆虫处于动物界的"最底层",它们要面临的危险和挑战更多。自然环境的改变、食物的短缺、天敌的危害、同类的侵袭等都可能让它们失去生命,在所有危险中,同类相残最是令它们防不胜防的。

特殊意义

动物间的自相残杀,也叫同类相食,是指一种动物被同种的其他成员吃掉的现象。这种现象在自然界普遍存在,在控制动物群体的数量,保证更好地繁衍后代中有着特殊的作用。

▲ 在昆虫界,自相残杀并不罕见

小知识

苍蝇和螳螂有着同样的"命运",有的雄蝇也可能会被雌蝇吃掉。

瓢虫相食

食物缺乏时,同种类瓢虫的个体间就会发生相互残杀的现象,结果一部分瓢虫得以存活。这能让瓢虫后代遗传到更强的基因。

残酷的竞争

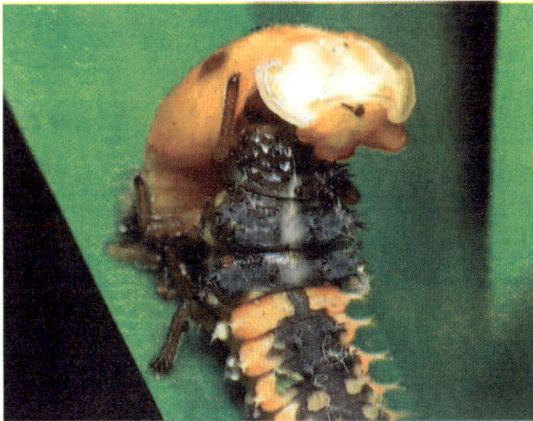

▲ 瓢虫的幼虫食用自己同类——刚孵化的小幼虫

瓢虫的幼虫经常会吃掉还未孵化出来的卵，甚至是刚孵化的比自己弱小的幼虫。当幼虫开始成长时，便会攻击别的幼虫，同时，它自己也可能受到别的幼虫的攻击。在这样的残酷竞争中，只有那些强壮的才可以继续存活。

螳螂"杀夫"

螳螂"新娘杀夫"的故事在昆虫王国里流传久矣，不过，这并不是虚构的传说，而是事实。当然，雌螳螂并不是真的那么"绝情"，而是因为如果不吃掉自己的"新婚丈夫"，它就没有足够的体力繁衍后代。

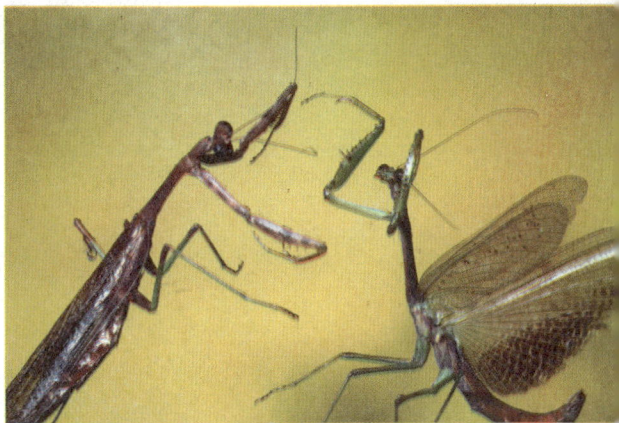

▶ 雌螳螂会在新婚之夜吃掉自己的丈夫——雄螳螂

不同的昆虫

不同的昆虫,有着各自不同的生活习性,但在那些名副其实的"亲戚"间,更多的却是相似。昆虫虽然很小,但却能影响整个世界,它们为了生存而进行的活动对其他生物产生着重要影响。蜜蜂采集花蜜时,无意中成了重要的"虫媒婆";蚕宝宝做茧吐的丝帮助人们做成各种丝绸。所以,我们想说,小小的昆虫,它们的作用其实并不小。

cán
蚕

"春蚕到死丝方尽，蜡炬成灰泪始干"这里所说的春蚕就是我们知道的能够作茧吐丝的蚕。我国古代的人们就是用蚕吐出的丝制作出了名扬海外的丝绸，蚕因此很受人们的喜爱。

卵的变化

蚕的卵看上去很像细粒芝麻。刚刚产下的蚕卵为淡黄色或黄色，一两天后会变成浅红色，再经过几天后就变成灰绿色或紫色。

小知识

蚕从卵中孵化出来时，身体细小，有点像蚂蚁，所以叫蚁蚕。

"睡眠"中的蚕宝宝

蚕宝宝从卵中孵化出来后，会不停地吃，没几天就长得白白胖胖。第一次蜕皮后它会开始长长的睡眠期，这时候，它几乎不吃不动，只吐出少量的丝将腹部和腿部固定在蚕座上开始睡觉。

▲ 蚕茧中会飞出蚕蛾

"作茧自缚"

蚕开始进入蛹期时，会给自己织一件茧衣，将自己束缚起来。它要先编织一个茧网，然后将茧网不断加厚，接着再以"S"型方式吐丝，做成茧衣。茧衣的丝纤维细而脆，蚕会继续吐丝，直至编织出最牢固的茧衣为止。

身蜕皮体组成

睡眠中的蚕宝宝，实际上在不停地进行着一次次的蜕皮。经历4次蜕皮后，它的食欲会剧增，身体也会发生很大变化。到下一个阶段，它的食欲就开始递减，身体也会发生变化，并开始寻找结茧场所，为化蛹做准备。

121

mì fēng
蜜蜂

xiǎo mì fēng shì kūn chóng jiè de "láo mó" tā men zhěng rì xīn qín de láo dòng bù jǐn
小蜜蜂是昆虫界的"劳模"，它们整日辛勤地劳动，不仅

gěi wǒ men dài lái le xiāng tián de fēng mì hái zài máng lù de zuò zhe chuán fěn dà shǐ de gōng
给我们带来了香甜的蜂蜜，还在忙碌地做着"传粉大使"的工

zuò yǒu le tā men de xīn qín láo dòng zhí wù cái néng gèng hǎo de fán yǎn hòu dài
作。有了它们的辛勤劳动，植物才能更好地繁衍后代。

zhì zuò fēng mì
制作蜂蜜

zhì zuò fēng mì shí gōng fēng huì xiān jiāng
制作蜂蜜时，工蜂会先将

zì jǐ cǎi dào de mì tǔ zài yī gè kōng de fēng
自己采到的蜜吐在一个空的蜂

fáng lǐ wǎn shang zài bǎ huā mì xī dào zì jǐ
房里，晚上再把花蜜吸到自己

de wèi lǐ jìn xíng tiáo zhì rán hòu zài bǎ
的胃里进行调制。然后，再把

tā tǔ chū lái zhè yàng fǎn fù jīng guò yī bǎi
它吐出来，这样反复经过一百

duō cì cái néng niàng chū fēng mì
多次，才能酿出蜂蜜。

xīn láo de gōng fēng
辛劳的工蜂

fēng mì zhì chéng hòu qín láo de gōng fēng hái yào jiāng tā fēng gān
蜂蜜制成后，勤劳的工蜂还要将它风干，

yòng fēng là fēng cún yǐ liú zhe dōng tiān shí yòng gōng fēng fēi cháng jié
用蜂蜡封存，以留着冬天食用。工蜂非常节

jiǎn píng cháng shě bu de chī fēng mì rì cháng de gān liáng jiù shì yòng
俭，平常舍不得吃蜂蜜，日常的干粮就是用

tā men zì jǐ shēn shang xié dài de huā fěn shuā xià lái zuò chéng de huā fěn qiú
它们自己身上携带的花粉刷下来做成的花粉球。

小知识

fēng qún zhōng méi néng
蜂群中没能

yǔ fēng wáng jiāo pèi de xióng
与蜂王交配的雄

fēng yīn wèi bù huì láo dòng
蜂因为不会劳动，

huì bèi qū zhú chū jìng
会被驱逐出境。

蜜蜂的"防卫军"

虽然蜜蜂过着群体生活，内部之间非常团结，但不同的蜂群之间则是互不往来的。因为蜂巢里往往存有大量的饲料，为了防御外群蜜蜂和其他昆虫、动物的侵袭，蜜蜂也组建了自己的"防卫军"。

"和平"相处

在缺少蜜源的时候，常有外群的蜜蜂前来"偷盗"蜂蜜，虽然巢门口担任守卫的蜜蜂会奋不顾身地与外来者搏斗，但是在蜂巢外面，比如采蜜或饮水时，各个不同群的蜜蜂也会"和平"相处。

qīng tíng
蜻 蜓

蜻蜓是一种非常古老的昆虫，它们有着纤细柔弱的身体、透明的双翼以及高超的飞行本领。古诗中的"小荷才露尖尖角，早有蜻蜓立上头"就形象地描绘出了蜻蜓优雅的姿态。

"点水"产卵

雌蜻蜓因为没有产卵器，所以它们通过"点水"的方式，将卵产在水中。蜻蜓的卵是在水里孵化的，孵化出来的幼虫叫稚虫，因为稚虫样子长得很奇怪，所以它们又有另外一个通称，叫水虿。

水虿

刚孵化出来的水虿没有翅膀，所以只能生活在水里，在水里游动，用下唇去捕食一些蜉蝣、蚊子等的幼虫。

蜻蜓的幼虫

"谈婚论嫁"

蜻蜓到了该"谈婚论嫁"的时候，雌蜻蜓就会聚集到沼泽或者河流湖畔附近，等待雄蜻蜓到来。雄蜻蜓到了水边后，往往会引发一场激烈的"夺妻"大战。实力较强的雄虫找到对象后，会带着"未婚妻"找个合适的地方"结婚"。

寻找水面

"新婚"之后，雌蜻蜓就要开始产卵。寻找合适的水面是蜻蜓产卵前的重要工作，不过也常有蜻蜓误将大片的草地当成水塘而点水繁殖。

小知识

蜻蜓如果去掉"翼眼"，飞行就失去平衡，翅膀可能会因为颤振而折伤。

温柔的"丈夫"

雌蜻蜓"点水"时，雄蜻蜓会飞在雌蜻蜓前上方，用它的尾尖钩住雌蜻蜓的头部，拖着它在水面产卵。

dòu niáng
豆娘

dòu niáng shì yī zhǒng fēi chángxiān ruò de xiǎo kūnchóng tā men
豆娘是一种非常纤弱的小昆虫，它们

hé qīng tíng shì míng fù qí shí de jìn qīn cóng wài xíngshang kàn
和蜻蜓是名副其实的近亲，从外形上看，

wǎngwǎng zhǐ bǐ qīng tíng xiǎo yī xiē dòu niángmiàn róng měi lì tǐ tài qīng yíng chángchángràng rén men
往往只比蜻蜓小一些。豆娘面容美丽、体态轻盈，常常让人们

wù rèn wéi shì qīng tíng dàn rú guǒ nǐ liǎo jiě le dòu niáng de shēn tǐ jiù néngjiāng tā men qū fēn kāi
误认为是蜻蜓，但如果你了解了豆娘的身体，就能将它们区分开。

měi lì de dòuniáng
美丽的豆娘

dòuniáng hé qīng tíng yī yàng xǐ huanshēnghuó zài yǒu shuǐ de dì fang dòuniáng tǐ xíng jiāo xiǎo
豆娘和蜻蜓一样，喜欢生活在有水的地方。豆娘体形娇小，

xiū xi shí chì bǎngchángcháng zài bèishangshù qǐ lái shì yī lèi jí měi de yì chóng yǒu xiē kūnchóng
休息时翅膀常常在背上竖起来，是一类极美的益虫，有些昆虫

ài hào zhě duì tā de chī mí shèn zhìchāoguò le hú dié suī rán kànshang qù ruò bù jīn fēng dàn tā
爱好者对它的痴迷甚至超过了蝴蝶。虽然看上去弱不禁风，但它

mennéng bǔ shí yá chóngděng shì ròu shí xìng kūnchóng
们能捕食蚜虫等，是肉食性昆虫。

dòu niáng de zhǎngxiàng hé qīng tíng fēi chángxiāng sì kě bù
▼ 豆娘的长相和蜻蜓非常相似，可不
yàojiāng tā menhùnxiáo le
要将它们混淆了

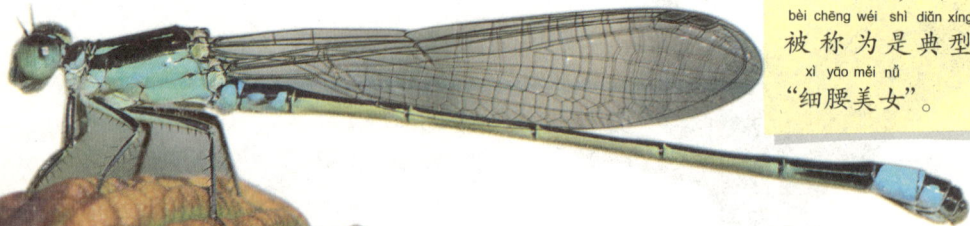

"蛇医" 的由来

豆娘耐寒有着极强的生命力,有的豆娘还能 生活在零下30℃的北极苔原地区。豆娘它还是有名的医生,有的豆娘会照顾病蛇直到对方痊愈,因此它们有时还被称为"蛇医"。

▲ 豆娘的长相非常娇弱

豆娘的稚虫

豆娘的稚虫也在水中生活,以水中的小动物为食。豆娘的稚虫有一个非常明显的特征,那就是由它们的下唇演化成的捕获器。

▲ 豆娘的幼虫——"水蚤"

能划水的尾腮

豆娘和蜻蜓的稚虫外形很相似,但也有不同之处:蜻蜓的稚虫身躯比较粗壮,腹部末端没有尾腮;而豆娘的稚虫则身躯细长,腹末具有三片尾鳃。这三片尾鳃危急关头可以用来划水游泳。

hú dié
蝴蝶

花丛中、草地上翩翩起舞的蝴蝶，经常作为画家绘画的对象，引来人们的竞相追逐。蝴蝶是昆虫界里的明星，它们有着美丽的外表和优雅的飞行姿态，集万千宠爱于一身。

生活的环境

蝴蝶种类众多，生活的区域范围也很广。世界上除了南北极寒冷地带以外，任何地方都有蝴蝶的踪迹。在美洲生活着很多种蝴蝶，尤其以温暖的亚马逊河流域种类最多。

蝴蝶的"雨衣"

蝴蝶翅膀上覆盖着的那层粉尘状的鳞片不仅使蝴蝶看起来非常艳丽，而且还是蝴蝶的"雨衣"。因为这些鳞片里含有丰富的脂肪，能把蝴蝶保护起来，所以即便是下小雨，蝴蝶也能照常飞行。

美丽的翅膀

蝴蝶有着鲜艳亮丽的色彩，翅膀和身体上有各种花斑，头上有一对棒状或锤状的触角。蝴蝶的翅膀比较大，有一种生活在澳大利亚的蝴蝶翅膀展开后能达到26厘米左右。

生活习性

蝴蝶常常在白天外出活动。大多数种类的蝴蝶在幼虫阶段都以野生植物为食，少部分蝴蝶的幼虫因为吃农作物而成为害虫，也有极少种类的蝴蝶幼虫吃蚜虫。蝴蝶的成虫则以吸食花蜜或腐败液体为生。

小知识

蝴蝶的幼虫一般都藏身在植物的叶子背面等隐蔽的地方。

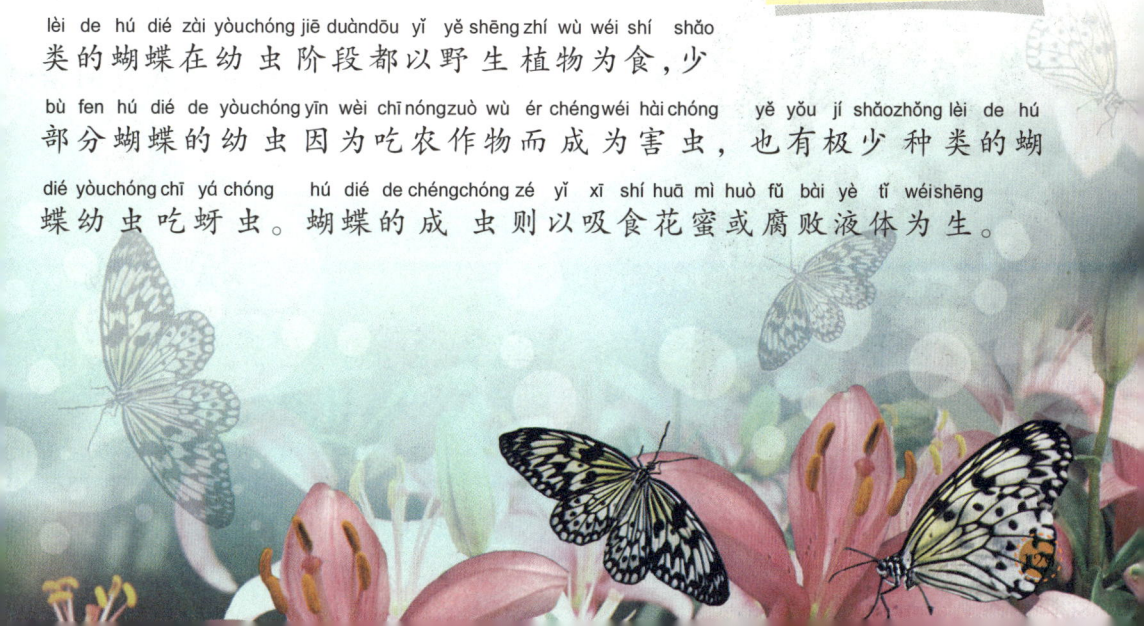

é
蛾

é méi yǒu hú dié huá lì de chì bǎng　　yě méi yǒu piān xiān yōu yǎ de wǔ zī　　tā men shì
蛾没有蝴蝶华丽的翅膀，也没有蹁跹优雅的舞姿，它们是
yè mù luò hòu hēi àn zhōng de fēi xíng zhě　dēng huǒ shì tā men zài yè wǎn jīng cháng zhuī zhú de mù biāo
夜幕落后黑暗中的飞行者，灯火是它们在夜晚经常追逐的目标。
rén men yòng　fēi é pū huǒ　xíng róng é de gù zhi　zhè qí shí bù guò shì tā zūn xún de shēng
人们用"飞蛾扑火"形容蛾的固执，这其实不过是它遵循的生
cún fǎ zé
存法则。

bù tóng yú hú dié
不同于蝴蝶

é gēn hú dié de xíng tài hěn xiàng　dàn zài rén men
蛾跟蝴蝶的形态很像，但在人们
de xīn mù zhōng què shì yī fù àn dàn wú guāng de xíng xiàng
的心目中却是一副黯淡无光的形象。
tā men méi yǒu hú dié xiān xì de yāo shēn　shēn tǐ xiǎn de
它们没有蝴蝶纤细的腰身，身体显得
duǎn ér cū　hú dié shì shēng huó zài yáng guāng xià de wǔ
短而粗。蝴蝶是生活在阳光下的舞
zhě　ér dà duō shù de é lèi zé xǐ huan zài yè jiān huó
者，而大多数的蛾类则喜欢在夜间活
dòng
动。

é　de　yī
◀蛾的"衣
fu　yán sè bǐ jiào dān
服"颜色比较单
tiáo　huī àn
调、灰暗。

小知识
zhù má yè é de yòu
苎麻夜蛾的幼
chóng shòu jīng dòng hòu　huì yǐ
虫受惊动后，会以
wěi zú hé fù zú jǐn wò yè
尾足和腹足紧握叶
bèi　tóu bù zuǒ yòu bǎi dòng
背，头部左右摆动。

害虫之名

蛾类的幼虫也叫毛虫，多数蛾类的幼虫和成虫吃植物及其汁液，有些吸食花蜜和动物的血液。

一些蛾类的幼虫会对观赏树木和灌木以及许多重要经济植物造成大的危害，其中以螟铃和尺蠖危害最大。

▲ 毒蛾的幼虫

蛾类的卵

蛾类的卵大多为绿色、白色和黄色。大多数蛾类的虫卵为椭圆形或扁形，也有瓶形、球形、半球形、圆锥形、鼓形，常分散或成块产于植物或土壤里。

苎麻夜蛾

苎麻夜蛾又叫红脑壳虫、摇头虫，是苎麻的重要害虫之一。这种蛾类的幼虫主要吃苎麻的叶片，严重时会毁了全田麻叶。苎麻夜蛾的幼虫非常警觉，稍微受点惊吓就会立即吐丝下垂并转移到安全的地方。

qiāng láng
蜣 螂

蜣螂，俗称屎壳郎，它们是昆虫王国里一类体形较大的甲虫。蜣螂广泛分布在南极洲以外的任何一块大陆上，大多数蜣螂因为以动物粪便为食，所以又有"自然界清道夫"的称号。

▲ 蜣螂夫妻合力搬粪球

雄 蜣 螂 的 外 形

蜣螂背上的甲衣一般为带有光泽的黑色或褐色。雄蜣螂个头通常比雌蜣螂要大，它的头部前方呈扇子状，表面带有鱼鳞状的波纹；头部中央有一个下粗上细，并略呈方形的突出物。

雌 虫 的 模样

雌蜣螂外形与雄蜣螂相似，不过它们头部中央位置没有雄虫那样的角状突出物，而且后面较平。

▲ 正在推粪球的蜣螂

触角当"武器"

在动物界，雄鹿和大象会使用鹿角和獠牙争夺统治权，而对蜣螂来说，雄性触角的大小则与它寻找"媳妇"时的能力密切相关。雄蜣螂经常用自己的触角来抵挡竞争者，触角大的蜣螂通常找"媳妇"的成功率更高。

▲ 一只蜣螂辛苦团好的粪球，却被半路上遇到的蜣螂"大盗"给拦住了

幼虫长大

小知识

蜣螂食粪，其实只是在食用动物粪便中的微生物和营养物。

雌蜣螂在排卵期间，会把粪球滚成梨状，并在里面产卵，卵就在粪球中孵化为幼虫。粪球内的幼虫会把身体镶嵌在一个固定的位置上，不停地转动，不停地进食。随着粪球里边被慢慢吃空，幼虫也就逐渐长大了。

qī xīng piáo chóng

七星瓢虫

qī xīng piáochóng sú chēnghuā dà jiě yīn wèi tā de liǎng gè chì bǎng zuǒ yòu gè yǒu méi hēi
七星瓢虫俗称花大姐，因为它的两个翅膀左右各有3枚黑
diǎn zài liǎng gè chì bǎng jié hé de qián fāng hái yǒu yī méi gèng dà de hēi diǎn yīn cǐ dé míng qī
点，在两个翅膀结合的前方还有一枚更大的黑点，因此得名七
xīng piáochóng qī xīng piáochóng chī yá chóngděng hài chóng shì yī zhǒng hěn zhòng yào de yì chóng
星瓢虫。七星瓢虫吃蚜虫等害虫，是一种很重要的益虫。

qī xīng piáochóng de chì bǎng

七星瓢虫的翅膀

yīn wèi qī xīng piáochóng de xíngzhuàng hěn xiàng yòng lái chéng shuǐ de hú lu piáo suǒ yǐ jiào piáo
因为七星瓢虫的形状很像用来盛水的葫芦瓢，所以叫瓢
chóng tā de shēn tǐ fēi cháng xiǎo tōng cháng zhǐ yǒu huáng dòu lì nà me dà bèi shang de liǎng piàn qiào
虫。它的身体非常小，通常只有黄豆粒那么大。背上的两片鞘
chì yǐ jīng biàn chéng yìng ké dāng qiào chì hé qǐ lái shí jiù chéng le bàn qiú zhuàng zài qiào chì xià
翅已经变成硬壳，当鞘翅合起来时，就成了半球状。在鞘翅下
miàn yǐn cáng de báo báo de mó chì néng bāng zhù qī xīng piáochóng fēi xiáng
面隐藏的薄薄的膜翅，能帮助七星瓢虫飞翔。

小知识

piáo chóng jiā zú de chéngyuán gēn jù tā men bèi shang de xīng de shù liàng fēn wéi bù tóng de zhǒng lèi
瓢虫家族的成员，根据它们背上的“星”的数量分为不同的种类。

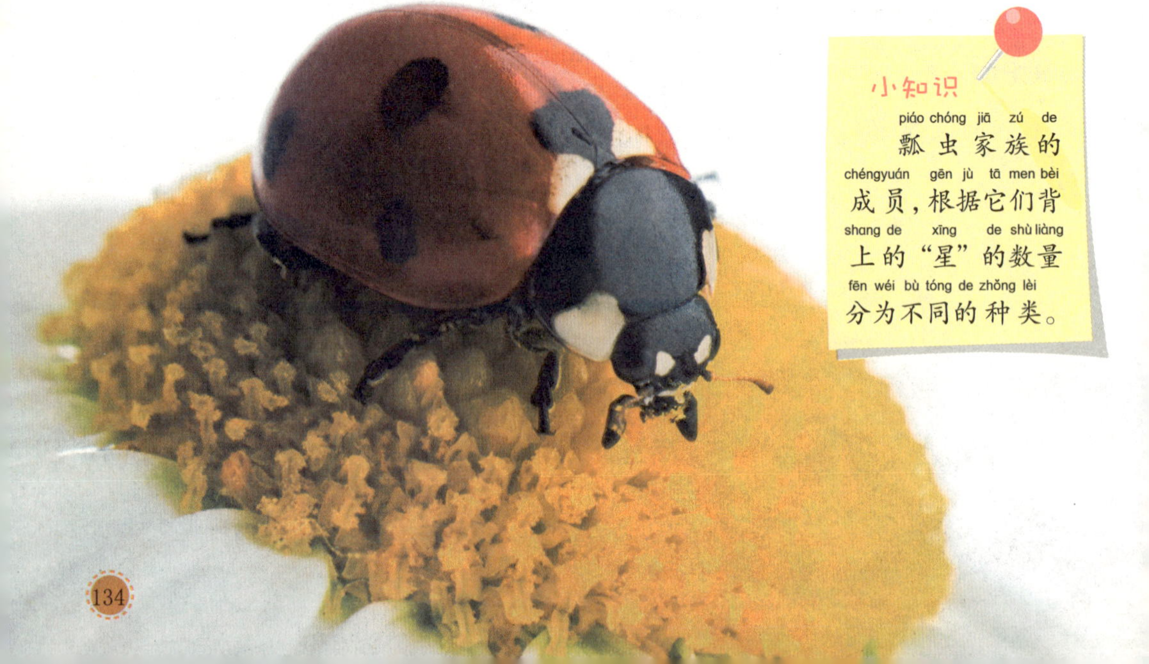

防御本领
fáng yù běn lǐng

七星瓢虫3对细脚的关节上有一
qī xīng piáo chóng duì xì jiǎo de guān jié shang yǒu yī

种"化学武器"，当遇到敌害侵袭时，
zhǒng huà xué wǔ qì dāng yù dào dí hài qīn xí shí

它的脚关节能分泌出一种极难闻的
tā de jiǎo guān jié néng fēn mì chū yī zhǒng jí nán wén de

黄色液体，使敌人望而生畏。它还
huáng sè yè tǐ shǐ dí rén wàng ér shēng wèi tā hái

有一套"装死"的本领，遇到强敌和
yǒu yī tào zhuāng sǐ de běn lǐng yù dào qiáng dí hé

危险时，会立即从树上落到地下"装死"。
wēi xiǎn shí huì lì jí cóng shù shang luò dào dì xià zhuāng sǐ

居无定所
jū wú dìng suǒ

七星瓢虫常随季节变化而"搬
qī xīng piáo chóng cháng suí jì jié biàn huà ér bān

家"。冬天，它在小麦和油菜的根茎间
jiā dōng tiān tā zài xiǎo mài hé yóu cài de gēn jīng jiān

越冬；春天，你能在麦苗和油菜上找
yuè dōng chūn tiān nǐ néng zài mài miáo hé yóu cài shang zhǎo

到它；夏天，在蚜虫等密集的棉花、
dào tā xià tiān zài yá chóng děng mì jí de mián huā

柳树等植物上，瓢虫紧随其后；秋
liǔ shù děng zhí wù shang piáo chóng jǐn suí qí hòu qiū

天，瓢虫则在玉米等植物上产卵。
tiān piáo chóng zé zài yù mǐ děng zhí wù shang chǎn luǎn

有害有益
yǒu hài yǒu yì

七星瓢虫是益虫，但不是所有的瓢虫都是益虫，在瓢虫这
qī xīng piáo chóng shì yì chóng dàn bù shì suǒ yǒu de piáo chóng dōu shì yì chóng zài piáo chóng zhè

个小家庭里也有害虫。有趣的是，瓢虫的益虫和害虫之间界限
gè xiǎo jiā tíng lǐ yě yǒu hài chóng yǒu qù de shì piáo chóng de yì chóng hé hài chóng zhī jiān jiè xiàn

分明，互不干扰，互不通婚，保持着各自的习惯。
fēn míng hù bù gān rǎo hù bù tōng hūn bǎo chí zhe gè zì de xí guàn

shé líng
蛇蛉

蛇蛉因为长得像蛇而得名蛇蛉，蛇蛉成虫主要生活在植物的花、叶片、树干等地方，以蚜虫、蛾类等为食。有人这样概括它们的特点："头胸延长蛇蛉目，四翅透明翅痣乌；雌具针状产卵器，幼虫树干捉小蠹。"

tiē qiè de míng zi
贴切的名字

蛇蛉因为身体细长如蛇，整个样子如同一条翘首的蛇，因而被形象地称为"蛇蛉"。蛇蛉的体色主要为褐色或黑色，有着咀嚼式的口器和丝状触角。

小知识

我国福建省武夷山区生活着一种叫硕华盲蛇蛉的大型昆虫。

蛇蛉的幼虫

蛇蛉经常将自己的卵产在树皮或树干的裂缝中，这可以使没有任何防御敌害能力的卵得以安全孵化。

刚孵化出来的幼虫有着狭长的身体，头也是又扁又长。

▲ 草蛉卵

▲ 花丛中的草蛉正在寻找食物

食物

咀嚼式的"嘴"能方便蛇蛉取食树木的根茎和枝叶。不过大多数蛇蛉的食物来源都比较复杂，它们经常荤素都吃。蛇蛉的幼虫喜欢栖息在树木间，以小蠹等害虫为食。

蛇蛉的种类

蛇蛉类昆虫包括了蛇蛉和盲蛇蛉两大种类。蛇蛉和盲蛇蛉的区别在于，蛇蛉长有3个单眼，并呈三角形排列，翅膀的"翼眼"上有横脉，如中华蛇蛉；盲蛇蛉没有单眼，"翼眼"内缺横脉。

mǎ yǐ
蚂蚁

蚂蚁是我们身边最常见的昆虫，它们居住在砖缝底下、树洞中或者土堆中。蚂蚁虽然个头小、身体弱，但团结起来力量却很大。你知道蚂蚁里都有哪些成员吗？它们怎么生活的吗？看下去，你就知道了。

yǐ hòu
蚁后

蚂蚁王国里，蚁后是最高的统帅，众多的工蚁和雄蚁围绕在蚁后身边，大家共同协作，打造自己的家园。每个蚁群中，蚁后都担负着繁育后代、壮大蚂蚁王国力量的重任。

▲ 蚁后是有受精和生殖能力的雌蚁，在群体中体形最大，为工蚁的3～4倍，主要职责是产卵、繁殖后代和统管蚁群大家庭

láo mó gōng yǐ
"劳模" 工蚁

庞大的蚁群中也有这样一个群体，它们负责建筑并保卫巢穴，照顾蚁后、卵、幼虫以及搜寻食物，它们是蚁群中的"劳模"，这就是工蚁。

蚂蚁的翅膀

蚂蚁一般都没有翅膀。不过，我们偶尔也会见到身形较大、长有翅膀的大蚂蚁，也就是蚁后。蚁后在完成"婚飞"后，翅膀会从根部脱落，雄蚁则会死去。

工蚁也产卵

▲ 翘尾蚁集体搬运它们的蛹

蚂蚁王国中，只有蚁后具有选择"丈夫"和"结婚生子"的权利，其他工蚁虽然也是雌蚁，但无法产卵。如果蚁后死去，会有个别的工蚁开始产卵。

蚂蚁搭桥

生活在树上的蚂蚁会用细长而有力的腿在枝叶上奔跑。如果两树相距较近，为免去长途奔波的辛苦，蚂蚁会巧妙地互相咬住后腿，垂吊下来，借着风力，搭成"索桥"，荡到另一棵树上。

qiē yè yǐ
切叶蚁

新鲜的植物叶子是切叶蚁最喜欢的食材之一，不过它们并不直接吃树叶，而是将叶子切成小片带到蚁穴中发酵，在上面种植蘑菇。正因为这样，切叶蚁有时也被称为"蘑菇蚁"。

分工明确

和所有蚂蚁一样，切叶蚁内部也有着非常明确的分工。有专门负责外出寻找新鲜植物的，称为"搜寻小分队"；有专门负责搬运树叶的庞大队伍，主要由工蚁组成；还有一些体型较小的蚂蚁负责警戒和巡逻。

各有本领

当"搜寻小分队"找到新鲜植物后，它们会留下一条有气味的路径，然后回去召集同伴。这时，体型较大的工蚁们会用刀子一样锋利的牙齿，通过尾部的快速振动使牙齿产生电锯般的作用，把叶子切下来，搬回去。

培育真菌

大工蚁把叶子搬回蚁巢后，这时，小工蚁会把叶子送到自己家的"农场"上。在那里，会有更小的工蚁将叶片切碎再切磨成浆状，并浇上粪便，作为种养蘑菇的菌床。等真菌从别的地方移过来，它们就把它种到菌床上。

▲ 切叶蚁一般先会将树叶"切成"小片，然后再搬运到蚁巢中

勇敢的兵蚁

为了保护劳动成果，切叶蚁会有专门担任警卫工作的兵蚁寸步不离地守护种植园。一旦发现不速之客，兵蚁会与入侵者展开殊死搏斗。

用心呵护

切叶蚁十分注意呵护和培育真菌。有时，切叶蚁还会把真菌悬挂在洞穴顶上，并用毛毛虫的粪便来给农场上的真菌"施肥"。

小知识

即便找到新"农场"，切叶蚁还会派出小工蚁清理旧农场。

guǒ yíng
果 蝇

果蝇是一种比较小的蝇类昆虫，由于它们喜欢在腐烂的水果上飞舞，所以被叫做果蝇。虽然果蝇给人们的日常生活带来很多不好的影响，但它们却曾经是遗传学研究的重要"参与者"。

喜欢烂掉的水果

果蝇喜欢生活在气候温暖的地方，它们有的食用真菌、树液或花粉，而大部分则以腐烂的水果或植物为食。所以，人们经常在垃圾桶或者腐烂的水果上听到它们嘤嘤嗡嗡的吵闹声。

▲ 果蝇广泛地存在于全球温带及热带气候区，因为它们以腐烂的水果为食，所以在果园、菜市场等地区内都能见到它们的踪迹。左图为交配中的果蝇

果蝇"嗜酒"

水果腐烂以后，会散发出一种酸酸的味道，果蝇之所以喜欢绕着腐烂的水果忙碌，实际上是受到这种气味的吸引。酒也会产生这样的气味，果蝇也会到酒池前飞舞。

小知识

雌蝇在果肉中产的卵孵化出幼虫后，幼虫就会以植物的果肉为生。

科学研究的"主角"

1908年，遗传学家摩尔根以果蝇为研究对象，开始他的遗传学研究。在之后的几十年里，果蝇很快成为遗传学研究中的"主角"。

▶ 1910年，汤玛斯·亨特·摩尔根开始在实验室内培育果蝇并对它进行系统的研究

生长

果蝇繁殖得很快，经历一个生长阶段，大约只需要10天。不过，这个时间也会因为温度的变化而有所不同。成虫爬出蛹后不到一天就可以交配。

▲ 白色的线虫是果蝇的幼虫，一般寄生在果树的叶子或果实里边

bái yǐ
白蚁

白蚁因为经常在大雨来临之前出现，因此又被称为大水蚁。白蚁是最古老的昆虫之一，但它们并不属于蚂蚁家族。经历了漫长的岁月，到今天，白蚁家族依旧兴旺，这和它们顽强的生命力是分不开的。

yǐ wáng hé yǐ hòu
蚁王和蚁后

白蚁的繁殖主要是靠蚁王和蚁后。白蚁的蚁后有着膨大的腹部和发达的生殖器官，主要起交配产卵的作用。

▶ tǔ qiū zhōng de xiǎo dòng cáng zhe bái yǐ de cháo xué
▶ 土丘中的小洞藏着白蚁的巢穴

bù tóng de zhí zé
不同的职责

白蚁群里，各种白蚁的职责都不同。有生殖能力的蚁后和蚁王担负家族繁衍的职责，同时统治家族。

没有繁殖能力的白蚁，根据它们担负的是劳动还是作战的任务，有工蚁与兵蚁之分。

身兼多职的工蚁

工蚁在白蚁群里数量最多，占群体数量的绝大部分，并担负着蚁巢内很多繁杂的工作，如建筑蚁冢，开掘隧道，修路，培养菌类，采集食物，喂养幼蚁、兵蚁和蚁后，看护蚁卵等。

▲ 蚁冢内部的特殊通道，图中是一群聚在蚁冢口的白蚁

御敌的兵蚁

白蚁群里的兵蚁虽然有雌雄之分，但都不能繁殖。兵蚁是蚁群的防卫者，它们的头部比较长而且很硬，上颚特别发达，但已经没有取食的功能，而成为御敌的武器。

"地下建筑师"

白蚁是建造地下宫殿的杰出建筑师，它们能在土下几十厘米甚至数米深处修筑巢穴。这里既有为蚁王和蚁后建造的"王宫"，还有普通的"平民住宅"。

小知识

白蚁的巢穴外层是坚实的防护层，巢内是片状或蜂窝状的房间。

wén zi
蚊子

蚊子是一种非常不招人喜欢的昆虫。夏天的时候，它们常常在人们熟睡之际嗡嗡地吵着飞来，还会趁人不注意，在你的身上叮一个大包，吸人的血液。蚊子到底是怎样的一种昆虫呢？

蚊子产卵

不同的蚊子有着不同的产卵习惯，它们有的喜欢将卵产在水面，有的产在水边的草叶上，还有的会把卵产在水中。那些将卵产在水里的蚊子，它们的幼虫也生活在水里，叫孑孓。

孑孓的生活

孑孓身体细长，胸部比头部和腹部还要宽大。游泳时，它们靠着身体的一屈一伸来划水前进。孑孓以水中的藻类为食。

▲ 蚊子的幼虫"孑孓"

花斑蚊

夏天，经常会有一种长有花斑的花蚊子出现在我们身边，它们不论黑夜白天都叮人吸血，不仅凶恶，而且善飞。一般蚊子的飞行距离只有数十至数百米，但花斑蚊能飞行数千米左右，且速度极快。

▲ 蚊子的鼻子很灵敏

叮人也有选择

蚊子吸人血，会专门寻找合乎"口味"的对象。当它们在人们的枕边"嗡嗡"盘旋时，会依靠身上的传感器来感应温度、湿度和人体汗液内所含有的化学成分。

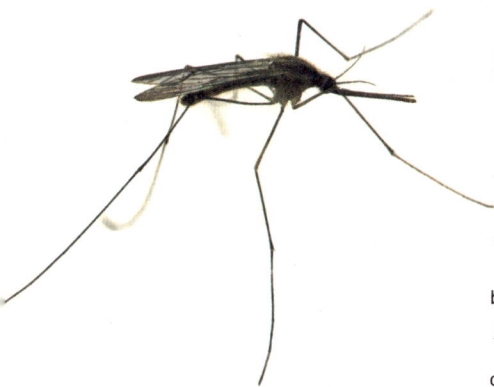

▲ 蚊子"咬"人的工具，是它们尖针一样的口器

奇怪的蛹

蚊子的蛹样子比较奇怪，如果仅从侧面看，它有点像标点符号中的逗号。蚊子待在蛹中的那段时间不吃东西，能在水中游动。

小知识

有的雄蚊在求偶时，会在田野或草地上群舞，以吸引同类的雌蚊。

cāng yíng
苍蝇

duì cāng yíng lái shuō　xún zhǎo shí wù　fán zhí hòu dài huò xǔ jiù shì tā men shēng huó de quán
对苍蝇来说，寻找食物、繁殖后代或许就是它们生活的全
bù nèi róng　tā men cóng yī chū shēng jiù kāi shǐ máng máng lù lù de xún zhǎo shí wù　zài zhè gè guò
部内容。它们从一出生就开始忙忙碌碌地寻找食物，在这个过
chéng zhōng　tā men yě chéng wéi chuán bō bìng jūn de　huò shǒu
程中，它们也成为传播病菌的"祸首"。

máng lù de shēng huó
忙碌的生活

cāng yíng de shòu mìng hěn duǎn　yī bān zhǐ yǒu
苍蝇的寿命很短，一般只有20
tiān zuǒ yòu　zài zhè duǎn zàn de shēng mìng lǐ　tā men
天左右。在这短暂的生命里，它们
yào shǐ zhōng wèi le zì jǐ de shēng cún dà jì hé fán
要始终为了自己的生存大计和繁
yù hòu dài ér máng gè bù tíng
育后代而忙个不停。

cāng yíng huì chuán bō jí bìng
◀ 苍蝇会传播疾病

yòu chóng shí qī
幼虫时期

cāng yíng zài bù tóng de shēng zhǎng shí qī　yǒu zhe bù tóng de yàng mào　cāng yíng de yòu chóng sú
苍蝇在不同的生长时期，有着不同的样貌。苍蝇的幼虫俗
chēng yíng qū　xǐ huan zuān kǒng　wèi jù qiáng guāng　zhōng rì yǐn jū zài hēi àn chù　cāng yíng de yǒng
称蝇蛆，喜欢钻孔，畏惧强光，终日隐居在黑暗处。苍蝇的蛹
chéng tǒng zhuàng　yán sè huì zhú jiàn yóu dàn biàn shēn　zuì zhōng biàn wéi lì hè sè
呈桶状，颜色会逐渐由淡变深，最终变为栗褐色。

羽化过程
yǔ huà guòchéng

苍蝇在破蛹羽化时，会靠头部的一个突出物交替膨胀和收缩，将蛹壳顶端挤开并爬出，最后穿过疏松的沙土而到达地面。

▲ 苍蝇非常喜欢"搓脚"

苍蝇为啥"搓脚"
cāngying wèi shá cuō jiǎo

苍蝇总是忙忙碌碌，可是，当它停下来时，经常抬起"脚"搓来搓去，原来，苍蝇的味觉器官长在脚上。为了去掉沾在"脚"上的食物，它就只好搓"脚"了。

苍蝇的眼睛
cāngyíng de yǎn jing

苍蝇的一只复眼是由四千多只小眼组成的，这些小眼睛组成一个蜂窝的形状，并堆积在苍蝇的头两边。苍蝇的复眼不仅能看紫外光，还能用极短的时间来快速看清物体的形状。

149

huángchóng
蝗 虫

dà duō shù de huángchóng dōu shǔ yú yán zhòng wēi hài nóng zuò wù de kūn chóng tè bié shì zài yán
大多数的蝗虫都属于严重危害农作物的昆虫，特别是在严

zhòng gān hàn shí huángchóng huì dà liàng fán zhí xíng chéng fēi cháng kě pà de chóng zāi huángchóng yǒu
重干旱时，蝗虫会大量繁殖，形成非常可怕的虫灾。蝗虫有

zhe shí fēn wán qiáng de shēng mìng lì néng shì yìng gè zhǒng gè yàng de shēng cún huán jìng hěn duō shí hou
着十分顽强的生命力，能适应各种各样的生存环境，很多时候

rén lèi duì tā men wú jì kě shī
人类对它们无计可施。

huángchóng de dà è
蝗 虫 的 大 颚

huángchóng yòu jiào zhà měng shì yī zhǒng tǐ
蝗 虫 又 叫 蚱 蜢，是 一 种 体

xíng bǐ jiào dà de kūn chóng tā men de jǔ jué shì
型 比 较 大 的 昆 虫。它 们 的 咀 嚼 式

dōng yà fēi huáng
▲ 东亚飞蝗

kǒu qì yǒu yī duì dài chǐ de dà è yì cháng fēng lì néng qīng yì de yǎo duàn zhí wù de jīng yè
口器有一对带齿的大颚，异常锋利，能轻易地咬断植物的茎叶。

kào zhe zhè duì dà è huángchóng cái néng sì wú jì dàn de zài nóng tián lǐ kěn shí zhuāng jia
靠着这对大颚，蝗 虫 才能肆无忌惮地在农田里啃食庄稼。

huángchóng de fán zhí jì jié zài xià qiū liǎng jì
▼ 蝗 虫 的 繁 殖 季 节 在 夏 秋 两 季

蝗 虫 飞 迁
huáng chóng fēi qiān

长 距 离 的 飞 迁 对 鸟 类 来 说 ，是 常 见 的 事 ，但 对 力 量 远 远 小 于 鸟 类 的 昆 虫 来 讲 ，困 难 就 大 得 多 了 。但 在 昆 虫 界 ，仍 有 那 些 小 动 物 有 着 出 色 的 飞 迁 本 领 ，比 如 蝗 虫 。

小知识

蝗 虫 腹 部 第 一 节 两 侧 的 一 对 半 月 形 薄 膜 ，是 蝗 虫 的 听 觉 器 官 。

生 长 过 程
shēngzhǎngguòchéng

蝗 虫 的 卵 是 在 地 下 孵 化 的 ，雌 蝗 虫 在 产 卵 时 会 分 泌 出 一 种 白 色 的 物 质 将 虫 卵 保 护 起 来 。经 过 一 段 时 间 后 ，蝗 虫 的 幼 虫 就 会 从 卵 中 孵 化 出 来 。

巨 大 灾 难
jù dà zāi nàn

蝗 虫 生 活 的 地 方 如 果 成 员 数 量 过 多 ，就 会 发 生 食 物 短 缺 的 现 象 。这 时 ，同 种 类 的 蝗 虫 体 色 就 慢 慢 变 黑 ，且 翅 膀 变 得 长 而 有 力 。为 了 寻 找 丰 富 的 食 物 ，蝗 虫 会 成 群 迁 移 。蝗 虫 过 境 ，往 往 造 成 农 作 物 大 规 模 的 损 失 和 灾 害 。

xī shuài
蟋 蟀

蟋蟀经常被誉为"昆虫音乐家",它们经常用翅膀的摩擦来演奏美妙的曲子。它们也和蚂蚁一样,自己动手建造"房子",而且会把房子收拾得干净、整洁。不过,当雄蟋蟀一决高下时,却又是另一幅景象。

凶悍的小虫

蟋蟀又名促织,蛐蛐儿,是一种非常凶悍、好斗的昆虫。

蟋蟀肤色大多为黄褐色或黑褐色,头部略圆,触角呈丝状,又细又长而且容易断,咀嚼式口器上带有一对发达的大颚。

▶ 蟋蟀的身体是黄褐色或黑褐色的,长有丝状的触角

六肢和尾须

蟋蟀的前腿和中腿相似,后腿则肌肉发达,有力的后腿能帮助蟋蟀轻松地跳过一些沟坎。蟋蟀有着长长的尾须,不过雌蟋蟀和雄蟋蟀的尾须数量不同,雄蟋蟀有两根尾须,而雌蟋蟀则有三根。

好斗的雄虫

雄蟋蟀喜欢鸣叫，而且非常好斗，有自相残杀的现象。

大多数的蟋蟀都比较孤僻，经常独立生活，除了繁衍后代，它们绝不和别的蟋蟀住在一起。

▲ 这两只蟋蟀拉开阵势，大概又要展开一场激战了

小知识

在蟋蟀家族中，勇者备受青睐，所以"一夫多妻"现象很常见。

蟋蟀"求婚"

在蟋蟀家族里，一只雄蟋蟀要想取得雌蟋蟀的信任和依赖，它要做的不仅仅是把自己的"家"收拾得有多好，而且还要向喜欢的对象展示自己强大的力量。

鸣声也有目的

雄蟋蟀会叫，雌蟋蟀不会，所以，求爱时，通常都是由雄蟋蟀主动发动"情歌"攻势。为了吸引"女朋友"，雄蟋蟀会优雅地振动翅膀，发出温和而有规律的声音，一来这表示自己很"温柔"，同时也有宣告地盘的目的。

zhōng sī
螽斯

螽斯的模样看起来和蟋蟀、蝗虫都有几分相似，不过，螽斯的"盔甲"没有蝗虫那么坚硬，而鸣声也和蟋蟀有所不同。

螽斯喜欢在炎热的夏季引吭高歌，而且天越热，叫声越响亮。

不同于蝗虫
bù tóng yú huángchóng

螽斯除了"盔甲"没有蝗虫威武，如果仔细观察，你会发现，它们的触角也很不一样。螽斯的触角纤细如丝，长度往往会超过它们的身体，而蝗虫的触角则又粗又短。

与蟋蟀的比较
yǔ xī shuài de bǐ jiào

螽斯和蟋蟀都是昆虫王国的有名的"演奏家"，谁的表演水平更技高一筹呢？要比起鸣声，螽斯的声音会比蟋蟀的声音更响亮，更尖锐而且更加刺耳。

▼ 螽斯
zhōng sī

奇妙的"耳朵"

螽斯的"耳朵"就长在它的前腿上。螽斯的一双前腿上各有一个长卵圆形的裂缝，裂缝里面有一个小小的皮囊，皮囊底部有一层绷得紧紧的膜。当声音传来，使这层薄膜发生振动，螽斯就能听到声音了。

▶ 这只螽斯跃跃欲试开始它的表演了

保护色

螽斯的保护色是它们保命的绝招。螽斯的体色几乎清一色是绿色或褐色，加上有的螽斯还会把自己拟态成树叶或枯叶，因此当它们不鸣叫时，天敌通常是很难发现它们的藏身地的。

小知识

螽斯主要生活在丛林、草丛里，也有少数种类栖息在树洞、石缝里。

tiān niú
天牛

天牛力大如牛，又能在空中飞行，所以得名天牛。很多人小时候都捉过天牛，并用细线绑在它的一条腿上，当天牛飞起来时，会发出"嘤嘤嗡嗡"的声音。这种有趣的小昆虫真的那么厉害吗？

天牛的外貌

天牛的种类很多，样貌也各不相同。大多数的天牛都有着硬硬的鞘翅，长长的触角，触角的长度往往比它们的身体还要长。因为有不少的天牛幼虫生活在树上，对树木有危害，所以很多时候它们被认为是害虫。

天牛产卵

有些种类的雌天牛会在产卵前用上颚咬破树皮，在树皮中产卵，比如沟胫天牛；还有的将卵产在土壤中，如草天牛。

幼虫 yòuchóng

tiān niú de yòuchóng wéi bàn tòu míng zhì rǔ
天牛的幼虫为半透明至乳

bái yǒu de zhǒng lèi bǐ jiào cháng gèng rú tóng yī duàn rú dòng de
白，有的种类比较长，更如同一段"蠕动的

xiǎo cháng gāng fū huà chū lái de yòuchóng shēn tǐ qián duān bǐ jiào
小肠"。刚孵化出来的幼虫，身体前端比较

yuán tā néngyòngqiángzhuàng de shàng è zuān rù shù nèi shēng huó liǎng nián
圆。它能用强壮的上腭钻入树内生活两年

yǐ shàng pò huài mù cái
以上，破坏木材。

日常活动 rì chánghuódòng

bù tóngzhǒng lèi de tiān niú tā men de chéngchóng rì
不同种类的天牛，它们的成虫日

chánghuódòng de shí jiān yě yǒu hěn dà chā yì bǐ rú huā tiān
常活动的时间也有很大差异。比如花天

niú lèi zài bái tiān jiù fēi chánghuó yuè ér yǒu xiē zhǒng lèi
牛类，在白天就非常活跃。而有些种类

de tiān niú zé shì bái tiān bù chū mén wǎnshangjīngshén shí zú
的天牛则是白天不出门，晚上精神十足

ér qiě tōngchángnénghuódòngzhěngwǎn
而且通常能活动整晚。

chán
蝉

有一种很常见的昆虫，它会"唱歌"，能预报天气，就连它褪下的壳还能用来做药引子。有谜语这样说它："天热爬上树梢，总爱大喊大叫，明明啥也不懂，偏说知了知了。"小朋友能猜到它是什么吗？

蝉的"扩音器"

上面那个谜语说的就是蝉。蝉是昆虫界的"歌手"。原来，蝉的肚皮上有两个小圆片叫音盖，音盖内侧有一层透明的膜，蝉的声音就是通过这个发出的。

▲ 雄蝉会鸣，雌蝉不会

雄蝉"唱歌"

蝉家族中的高音歌手是"双鼓手"的蝉，这种蝉身体两侧有大大的环形发声器，而且身体中部还有可以一开一合的圆盘，随着圆盘开合，蝉就能发出鸣声。

不同的"歌声"

蝉会发出不同的鸣声，表达不同的意思。比如有"集体唱歌"时的集合声，求偶时的"歌声"，还有被捉住或受惊飞走时发出的比较粗的鸣声。

蝉

长大的过程

蝉产卵时，会将卵产在树皮中。幼虫孵出后，会钻入地下，吸食植物汁液养活自己。一般的蝉往往需要几年才能长大。

伤害树木

蝉"口渴"时，会用自己坚硬的"嘴"插入树干，吸食植物的汁液。这时，往往会有蚂蚁、甲虫等其他虫子也跟来吮吸树汁。蝉于是飞到别的枝头，继续"扎洞"，这对树木的伤害很大。